Abdourahmane Daly Diallo

Sistema de informação geográfica para um projeto de desenvolvimento

Abdourahmane Daly Diallo

Sistema de informação geográfica para um projeto de desenvolvimento

Desenvolvimento de um geoportal para melhorar a difusão da informação: o caso do projeto AgriFARM, Guiné

ScienciaScripts

Imprint

Cover image: www.ingimage.com

This book is a translation from the original published under ISBN 978-620-6-72729-3.

Publisher:
Sciencia Scripts
is a trademark of
Dodo Books Indian Ocean Ltd. and OmniScriptum S.R.L publishing group

120 High Road, East Finchley, London, N2 9ED, United Kingdom
Str. Armeneasca 28/1, office 1, Chisinau MD-2012, Republic of Moldova, Europe
Printed at: see last page
ISBN: 978-620-8-31699-0

DEDICACES

Para a minha falecida esposa Hawa BAH

Chamado a DEUS em 14 de novembro de 2020

Querida Hawa, é com grande emoção que te dedico este livro de memórias.

É o fruto do vosso apoio, sem o qual não conseguiria conciliar os estudos, a vida familiar e o trabalho. Disseram-me "força, podes contar comigo".

"O homem propõe, DEUS dispõe, pois é soberano nas suas decisões".

"Tudo o que DEUS faz é bom".

Obrigado HAWA

DESCANSO EM PAZ

AMÉM

AGRADECIMENTOS

Os meus sinceros agradecimentos :

- ✓ Ao Dr. TALLA TANKAM Narcisse, Supervisor Científico ;
- ✓ Ao Sr. LATE Boniface, supervisor profissional ;
- ✓ Ao Sr. WADOUFEY Addel, Professional Coach, pela sua orientação e acompanhamento;
- ✓ Ao Prof. TCHOTSOUA Michel, Referente Científico e Pedagógico do Master GAGER, pela sua liderança ao longo deste ano académico;
- ✓ A toda a equipa GAGER Masters, pelo rigor e qualidade da sua formação;
- ✓ Ao meu supervisor Elhadj Tamsir Djibril BANGOURA, Coordenador do Projeto, pela sua orientação e facilitação;
- ✓ A todos os colegas do projeto AgriFARM, pela sua colaboração durante o curso;
- ✓ Por último, a todos os colegas da turma de mestrado GAGER 2019-2020 pela sua colaboração.

RESUMO

Na Guiné, os projectos de desenvolvimento integraram o Sistema de Informação Geográfica (SIG) como ferramenta de planeamento e de tomada de decisões por volta do ano 2000. O projeto Agriculture FAmiliale Résilience et Marchés (AgriFARM) é um projeto do governo guineense financiado conjuntamente pelo IFAD, OFID e BADEA. Dispõe de um SIG ligado ao Sistema de Monitorização e Avaliação.

O projeto visa difundir informação baseada na dimensão espacial e na Internet para o acesso do público em geral. Por isso, foi escolhido o tema "*Desenvolver um geoportal para melhorar a difusão da informação, o caso do projeto AgriFARM*".

Para o efeito, são efectuados trabalhos de campo e de laboratório sobre a aquisição, o tratamento e a integração dos dados numa base de dados e num servidor de mapas para publicação. Em seguida, é desenvolvida uma plataforma Web com base num conjunto de especificações que têm em conta as expectativas dos utilizadores.

Eventualmente, todo o planeamento do projeto é mapeado e integrado numa base de dados GIS. A informação relevante é selecionada para distribuição. O geoportal concebido tem todas as funções clássicas da cartografia interactiva. Está acessível ao público em geral na Internet em www.geo-agrifarm.com.

PALAVRAS-CHAVE. Geoportal, visibilidade, projeto AgriFARM, Alta e Média Guiné

ÍNDICE DE CONTEÚDOS

INTRODUÇÃO GERAL

1.1 Contexto

Em África, foram identificadas várias questões relacionadas com a melhoria das condições de vida e a gestão sustentável do ambiente, tanto a nível meso como macro. Para responder às necessidades crescentes da população, foram criados programas e projectos de desenvolvimento em vários países. A sua missão está em conformidade com os Objectivos de Desenvolvimento do Milénio definidos pelas Nações Unidas.

É neste contexto que a Guiné, em colaboração com o FIDA, o OFID e o BADEA, criou um projeto de desenvolvimento que se inscreve na política setorial elaborada para o país após a crise sanitária (Ébola). Para atingir os objectivos do projeto, foi criado um sistema de acompanhamento e de avaliação, sendo o SIG um dos instrumentos de planificação e de decisão.

O Sistema de Informação Geográfica é frequentemente utilizado em projectos de desenvolvimento como parte de uma cartografia estática, limitando assim a sua capacidade de apoiar a comunicação através da divulgação de informação ao público em geral. O acesso ao público em geral permite uma melhoria contínua no processo de divulgação de informação sobre um projeto para garantir a sua visibilidade.

Por conseguinte, é necessário um canal ou uma ferramenta para a difusão de informações localizadas e em grande escala. O SIG, em associação com a Web, insere-se nesta dinâmica através da criação de um geoportal. O resultado desta associação é a disponibilização aos utilizadores de cartografia interactiva. É neste contexto que se iniciou o tema desta dissertação, intitulada "Desenvolvimento de um geoportal para melhorar a disseminação da informação, o caso do projeto AgriFARM".

O objetivo é criar um SIG para o projeto AgriFARM baseado em recursos de fonte aberta, com uma componente de dados organizada em torno de uma base de dados. Esta base de dados fornece a maior parte da informação para publicação na Web.

O principal objetivo deste trabalho é conceber um geoportal acessível ao público em geral através da Internet. Este permitirá a publicação de informações sobre o planeamento do projeto. Esta está centrada nas zonas de intervenção do projeto, na sua abordagem territorial e nos indicadores-chave definidos na fase de conceção.

Tendo em conta o carácter dinâmico da cartografia, a plataforma dispõe de funções e ferramentas de navegação, pesquisa, posicionamento e levantamento topográfico sobre um fundo de mapas e imagens de satélite.

Para o efeito, realizámos trabalhos de campo e de laboratório utilizando principalmente recursos de fonte aberta. Em seguida, os dados a publicar foram selecionados e transmitidos à equipa de desenvolvimento da plataforma web. Foi neste contexto que trabalhámos na parte SIG do projeto, enquanto a parte informática foi confiada ao CDI Guinée para o desenvolvimento e alojamento do geoportal.

1.2 Questões

A geomática tem sofrido um desenvolvimento significativo ao longo dos anos, tornando ferramentas como o SIG universalmente acessíveis com as oportunidades oferecidas pelas soluções de fonte aberta. No passado recente, a utilização de SIG em projectos de desenvolvimento em África era considerada dispendiosa, com conhecimentos por vezes limitados. Atualmente, esta barreira tende a desaparecer. Isto permitiu que o SIG fosse cada vez mais integrado como ferramenta de planeamento e de tomada de decisões e, sobretudo, como meio de divulgação de informações sobre os projectos.

A um nível macro, o processo de difusão de informação de qualidade ao grande público através de meios de comunicação estáticos parece estar limitado a este domínio das TIC. A natureza interactiva destes meios continua a ser fraca, daí a necessidade de explorar novas possibilidades que ofereçam ao utilizador uma margem considerável para visualizar e manipular a informação geográfica. É aqui que entra a cartografia interactiva ou dinâmica.

Com o potencial de expressão oferecido pelas tecnologias da informação e da comunicação, a apresentação dos sítios Web dos projectos de desenvolvimento pode ser cada vez mais acessível e atraente. Uma nova utilização da cartografia "permite que o cidadão participe na criação do mapa", dá a possibilidade de "apresentar camadas e a sua representação gráfica de acordo com a escala" e "podem ser criadas ligações interactivas entre o mapa e os documentos multimédia". Permitem ainda "uma cartografia mais realista com 3D e/ou animação". E. CHESNEAU e J. ULTSCH, (2010)

No contexto guineense, a utilização da geomática foi afetada pela sua introdução tardia nos meios profissionais e académicos. Durante vários anos, a geomática foi praticada por um número limitado de utilizadores, geralmente formados no local de trabalho (dominando apenas a recolha de dados GPS e a utilização de programas informáticos SIG como o Mapinfo durante um longo período, depois o Arcgis, etc.). Este défice conduziu às observações seguintes:

- A utilização do SIG em projectos de desenvolvimento está geralmente confinada à cartografia estática, o que limita o número de utilizadores (principalmente externos). O alargamento do número de utilizadores responde à necessidade de divulgar informações independentemente da distância ou da localização geográfica;
- Não consideração do SIG na conceção de certos projectos (devido à falta de conhecimento do potencial das ferramentas geomáticas);

- Fraca integração do SIG no processo de capitalização das realizações dos projectos, resultando na sobreposição das zonas de intervenção dos projectos no terreno (impacto na execução das políticas de desenvolvimento rural).

1.3 Contexto científico

O desenvolvimento das NTIC e a facilidade de acesso aos recursos (ferramentas e materiais) permitiram a criação de um serviço de cartografia dinâmica através da Internet. Assim, foram realizadas investigações e aplicações em diversos domínios, desde a educação à comunicação e à difusão de informações em grande escala. Vários investigadores interessaram-se pelo WebSIG.

De facto, J. P. MBAHA e G. B. TCHOUNGA (2018) explicam os desafios da utilização da cartografia interactiva online e offline em benefício da gestão dos riscos naturais na costa dos Camarões. Apresentam as dificuldades de acesso à informação por parte das populações dos países em desenvolvimento para justificar a necessidade de utilização de wepmapping.

Sobre o mesmo tema da cartografia dinâmica, I. BALDE (2008) aborda a utilização de recursos de código aberto para a criação de uma cartografia interactiva. O objetivo deste trabalho é permitir a visualização de mapas a pedido do utilizador (interação homem-máquina). Tem também como objetivo posicionar nele zonas estratégicas do mundo rural, conhecendo as suas coordenadas geográficas. Neste estudo, estas zonas estratégicas são essencialmente constituídas por infra-estruturas de base (educação, saúde, acesso à água e administração). São completadas por uma representação do cadastro de certas zonas rurais, divididas em parcelas.

Em termos de funcionalidade, a aplicação desenvolvida por I. BALDE (2008) também fornece ao utilizador ferramentas de navegação no mapa. Estas ferramentas incluem o zoom, a deslocação, a visualização de informações sobre uma zona e a visualização da legenda do mapa. Este projeto foi iniciado no Senegal no âmbito de um esforço de apoio à governação local através de uma comunicação eficaz. Permite às autarquias locais um acesso generalizado às tecnologias da informação e da comunicação (TIC) para impulsionar o seu desenvolvimento económico e social.

A Action Contre la Faim (2017) tem estado a trabalhar na criação de plataformas webSIG dedicadas a projectos de desenvolvimento rural no Níger. Foi criada uma plataforma webSIG para ajudar no planeamento, na divulgação de informações e na capitalização dos resultados do projeto. Denominada Geosahel.info, esta plataforma é uma ferramenta interactiva que permite aos utilizadores manipular os dados sobre um fundo cartográfico, de acordo com as suas necessidades e escolhas.

Ainda no domínio do desenvolvimento rural, O. DUPARS-TESSIER (2016) realizou um estudo para desenvolver um websig de gestão dos recursos naturais centrado no desenvolvimento de produtos florestais não lenhosos. A sua contribuição destina-se principalmente às partes interessadas envolvidas no desenvolvimento sustentável dos PFNM. Propõe uma plataforma que oferece a possibilidade de visualizar e manipular dados especializados no caso dos PFNM. Oferece ferramentas de localização e validação de sítios de elevado potencial. Este portal apresenta aplicações de edição, análise e modelação espacial exclusivas para o tema dos PFNL. Inclui camadas de dados interactivas e interoperáveis, facilitando o acesso à informação.

A nível profissional, na Guiné, estávamos também interessados na utilização do SIG em projectos de desenvolvimento rural (agricultura, infra-estruturas). Verificámos que o projeto PNAAFA, gerido pelo mesmo doador (FIDA), dispunha de um SIG e de um sítio Web. No entanto, o SIG só era utilizado para o mapeamento estático das intervenções do projeto. Na era das NTIC, isto constitui um obstáculo à divulgação da informação, que é a principal forma de tornar visíveis as realizações dos projectos.

Tal como este projeto, outros têm sítios Web com conteúdos baseados em texto, fotografias ou, em alguns casos, mapas em formato de imagem. A natureza interactiva da ferramenta não é suficientemente explorada e é através dela que o utilizador é envolvido na escolha da informação que deseja visualizar. De um ponto de vista científico e profissional, tendo em conta as várias contribuições e trabalhos sobre o tema da criação de um portal SIG, este projeto de investigação será aplicado ao projeto AgriFARM, integrando um SIG no sistema de acompanhamento e avaliação, a fim de poder visualizar os resultados em suportes cartográficos.

Trata-se da criação de um geoportal para um projeto de desenvolvimento rural baseado na agricultura e nas infra-estruturas no contexto da República da Guiné.

Contribui para melhorar a prática das TIC nos projectos de desenvolvimento rural através da interatividade na divulgação da informação. Visa igualmente promover os recursos de fonte aberta e a integração da cartografia dinâmica nos sítios Web dos projectos de desenvolvimento rural. A longo prazo, facilitará a capitalização das actividades do projeto AgriFARM na plataforma geonode do FIDA (geoportal dos projectos do FIDA em África e no mundo).

1.4 Questões de investigação

Questão principal: Como é que as tecnologias de informação geográfica podem ajudar a melhorar a divulgação de informações para aumentar a visibilidade do projeto AgriFARM Alta e Média Guiné?

Perguntas específicas

Q1 - As ferramentas geomáticas podem ser utilizadas para cartografar as actividades de um projeto de desenvolvimento?

Q2 - Uma plataforma geoportal assegura a divulgação de informação sobre as actividades dos projectos de desenvolvimento?

Q3 - A disponibilidade de informação geográfica na Internet contribui para tornar visíveis as acções de um projeto?

1.5 Objectivos

O objetivo geral deste tema de investigação é melhorar o processo de informação relativo às actividades do projeto AgriFARM, através da criação de uma cartografia interactiva via Internet.

Para atingir este objetivo, foram definidos os seguintes objectivos específicos:

- assegurar a geolocalização/georeferenciação das actividades previstas pelo projeto em toda a sua área de intervenção (Alta e Média Guiné);
- processar e integrar dados numa base de dados SIG e num servidor de mapas para publicação;
- tornar os dados geográficos acessíveis na plataforma Web concebida para o efeito, com funcionalidades clássicas da cartografia dinâmica, como a visualização, a manipulação, a pesquisa de informações e a ligação a recursos em linha.

1.6 Hipóteses de investigação

O principal pressuposto é que as tecnologias de informação geográfica e a Internet, através de um geoportal, permitirão a divulgação de informações para tornar mais visíveis as actividades dos projectos de desenvolvimento.

Especificamente, surgem três hipóteses secundárias.

H1: As ferramentas geomáticas permitem geolocalizar, tratar, analisar e difundir todas as informações ligadas às actividades de um projeto.

H2: uma base de dados SIG fornece as informações necessárias para a publicação

H3: As ferramentas de programação Web podem ser utilizadas para conceber e distribuir informação geográfica gerada a partir de um SIG.

1.7 Plano

Este documento apresenta o trabalho efectuado durante os seis (6) meses de estágio. Está estruturado da seguinte forma. A introdução geral (apresentada acima) é composta pela problemática do tema, o contexto, o questionamento científico, os objectivos e as hipóteses.

A segunda parte trata da metodologia, centrando-se nos equipamentos e métodos de campo e de laboratório. Descreve todo o processo, desde a aquisição de dados SIG até ao desenvolvimento da plataforma Web.

Finalmente, a última parte apresenta os resultados, ou seja, os dados cartográficos, a base de dados SIG e o geoportal com todas as suas funcionalidades. A cartografia apresentada como resultado diz respeito ao território nacional da Guiné e às intervenções do projeto AgriFARM. E o geoportal é aqui apresentado do ponto de vista da estrutura e do funcionamento, ou seja, a apresentação que o utilizador da Internet terá à sua frente num browser.

O documento inclui ainda um apêndice que contém todos os dados relevantes referidos nos capítulos. Dados importantes como o MCD e o código fonte do geoportal são incluídos para efeitos de informação.

Em suma, o resto do presente documento está estruturado em três capítulos e uma conclusão geral.

Capítulo I: Antecedentes e enquadramento do estudo
Capítulo II: Materiais e métodos
Capítulo III: Resultados, interpretação e discussão
Conclusão geral.

CONTEXTO E ENQUADRAMENTO DO ESTUDO

Este capítulo aborda o contexto para uma compreensão do enquadramento do estudo. Aborda a área de estudo através do projeto AgriFARM e a sua zona de intervenção. De seguida, apresenta-se o contexto científico relativo ao processo de desenvolvimento de um geoportal para a disseminação de informação e todos os conceitos-chave a ele associados. Nesta secção, é apresentado um exemplo de um geoportal para fins ilustrativos.

No contexto geográfico e social, o projeto AgriFARM em estudo é apresentado em termos gerais em relação à Guiné. Em termos espaciais, as zonas e a lógica de intervenção são também explicadas em pormenor.

1.1 Contexto geográfico e social

1.1.1 Colocação e localização

O projeto "***Agriculture FAmiliale, Résilience et Marchés en Haute et Moyenne Guinée (AgriFARM)***" é um projeto guineense sob a tutela do Ministério da Agricultura da República da Guiné. Beneficia de acordos de financiamento entre a Guiné, o FIDA, o OFID e o BADEA, com um custo total de 120,2 milhões de dólares americanos.

O objetivo geral do projeto é contribuir para uma melhoria sustentável da segurança alimentar e da situação nutricional e da capacidade de resistência às crises das famílias rurais nas regiões da Alta e Média Guiné.

O objetivo de desenvolvimento do projeto é aumentar de forma sustentável os rendimentos de 65 000 explorações agrícolas familiares, a sua capacidade de resistência aos choques externos, incluindo as alterações climáticas, e melhorar a sua situação nutricional, bem como o seu acesso aos mercados locais, urbanos e regionais nas 15 prefeituras visadas nas regiões da Alta e Média Guiné.

O projeto AgriFARM está organizado em duas componentes complementares: a primeira componente, "Reforço da agricultura familiar e da resiliência às alterações climáticas", está dividida em quatro subcomponentes, cujas actividades colocam a agricultura familiar no centro das intervenções, através do desenvolvimento sustentável das sub-bacias hidrográficas, da estruturação de esquemas de gestão da água nas bacias de produção, da melhoria da produtividade agrícola, do reforço das organizações e associações rurais de base e da melhoria da situação nutricional.

A segunda componente, "Acesso ao mercado", inclui três subcomponentes cujas actividades visam assegurar o escoamento dos excedentes de produção, através da construção/reabilitação de mercados semi-grossistas, de mercados de recolha e de caminhos rurais, da criação de sistemas de gestão destas infra-estruturas económicas para assegurar a sua sustentabilidade e do apoio ao financiamento do empreendedorismo agrícola e rural. Uma terceira componente abrangerá a gestão e a coordenação do projeto, o sistema de acompanhamento e avaliação e a gestão dos conhecimentos.

Uma terceira componente abrange a Gestão, Coordenação, Monitorização-Avaliação e Gestão do Conhecimento. É nesta componente que está a decorrer o estágio para este trabalho de investigação. *Fonte: DCP AgriFARM 2018*

Quadro organizacional

O Ministério da Agricultura (MA) supervisiona o projeto AgriFARM. O Comité Diretivo Conjunto para os projectos co-financiados pelo FIDA (AgriFARM, PNAAFA-BGF) é nomeado com um máximo de quinze membros, de acordo com as recomendações do Governo.

A coordenação e a gestão do projeto são confiadas a uma Unidade de Coordenação e de Gestão do Projeto (UCGP), que dispõe de autonomia em matéria de programação, de orçamento e de gestão financeira, sob a autoridade do Ministério da Agricultura. A sede está situada em Mamou, com duas delegações em Labé e Kankan. A sede é também diretamente responsável pelas actividades na região de Mamou. Nas regiões de Boké e Faranah, onde o projeto PNAAFA-BGF está ativo até 2019, é dada especial atenção às sinergias a procurar com o projeto AgriFARM.

A execução baseia-se no "faire-faire" e no reforço das agências especializadas e dos departamentos técnicos descentralizados do Ministério da Agricultura e dos seus parceiros, através de acordos desenvolvidos com base numa gestão baseada nos resultados. A assistência técnica internacional está disponível nos sectores-chave de intervenção durante os primeiros anos de execução (gestão, fiduciário, acompanhamento-avaliação, gestão das bacias hidrográficas, engenharia social, engenharia civil). *Fonte: DCP AgriFARM 2018*

1.1.2 Localização geográfica

oooo A República da Guiné é um país costeiro situado na parte ocidental do continente africano, a meio caminho entre o Equador e o Trópico de Câncer (latitude 7 30' e 12 30' Norte e longitude 8 e 15 Oeste). Com uma superfície de 245.857 km2, faz fronteira a oeste com a Guiné-Bissau e o Oceano Atlântico, a norte com o Senegal e o Mali, a leste com a Costa do Marfim e a sul com a Serra Leoa e a Libéria.

Do ponto de vista geoecológico, a Guiné está subdividida em quatro regiões naturais bastante distintas e internamente homogéneas. O país deve esta originalidade ao seu ambiente natural, caracterizado por contrastes climáticos, barreiras montanhosas e orientação do relevo, que se conjugam para conferir a cada região particularidades próprias em termos de clima, solo, vegetação e modo de vida.

A Média Guiné ou Fouta Djallon é uma região de montanhas e planaltos. O seu ponto mais alto é o Monte Loura (Mali), com 1 538 m de altitude. O maciço é profundamente recortado por vales com planícies e depressões interiores. Os solos fortemente degradados estão a ser gradualmente substituídos por bowé, reduzindo a extensão das terras agrícolas.

Os numerosos rios que nascem nesta região fazem dela a torre de água da África Ocidental. No entanto, estes rios estão encerrados em vales profundos, o que significa que as planícies por onde correm são estreitas, dificultando o desenvolvimento hidro-agrícola.

O clima tropical é transformado num microclima de montanha. A pluviosidade é muito reduzida. É uma zona de pastagens, de pomares de citrinos e de hortas. Atualmente, a degradação do ambiente levou os criadores de gado a alargarem a transumância à Baixa Guiné (Boké, Boffa e Forécariah), quando originalmente era praticada entre os planaltos, na estação das chuvas, e as depressões, na estação seca. Devido ao seu relevo montanhoso e à extensão da degradação do seu ecossistema, a Média Guiné é a região mais pobre do ponto de vista agrícola.

A Alta Guiné faz parte de uma unidade geográfica morfológica e climaticamente muito extensa. Trata-se de uma região de savanas e planaltos. O Níger e os seus afluentes criaram planícies húmidas e em socalcos, ideais para a cultura do arroz de sequeiro.

Em termos climáticos, esta é a região mais seca da Guiné. A precipitação varia entre 1.200 e 1.800 mm por ano. A estação seca é mais longa (7 a 8 meses) e as temperaturas médias são relativamente elevadas durante a maior parte do ano. °As temperaturas máximas ultrapassam por vezes os 40 C em março-abril. A vegetação é pontuada por finas galerias florestais.

Apesar da existência de vastas planícies fluviais orizícolas, a Alta Guiné não é uma zona agrícola próspera devido às secas frequentes e à infestação de certos vales fluviais por similis, vectores da oncocercose (vale de Tinkisso). É, no entanto, uma zona privilegiada para a pesca fluvial e a criação de gado. A extração artesanal de ouro e de diamantes é uma atividade tradicional das populações desta região. *Fonte: DCP AgriFARM 2018*

O mapa abaixo mostra a área de estudo (Alta e Média Guiné) na Guiné.

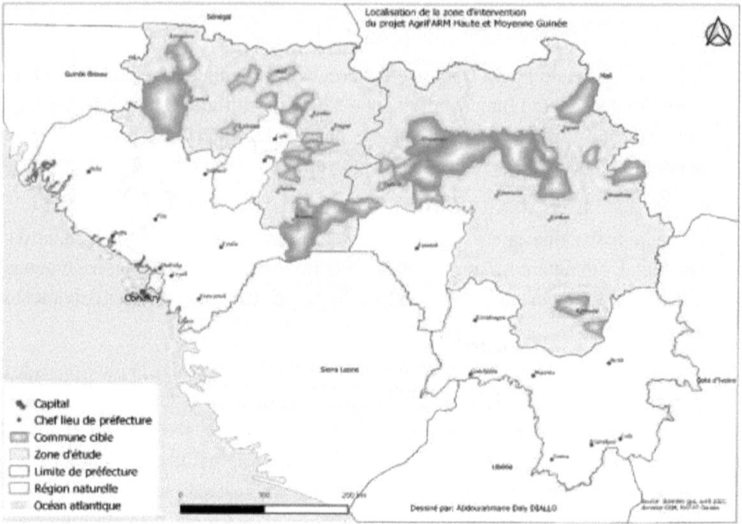

Figura 1: Apresentação da área de estudo

1.1.3 Situação socioeconómica

De acordo com o Documento de Conceito do Projeto AgriFARM 2018 (PCP), a Guiné tinha uma população de cerca de 12,7 milhões de habitantes em 2017. Sendo o maior empregador do país, o sector agrícola desempenha um papel fundamental na redução da pobreza e no desenvolvimento rural: proporciona rendimento a 57% das famílias rurais e emprego a 52% da mão de obra. Banco Mundial, (2017)

- **O crescimento estagnou em 2019 em 5,6%**, na sequência do abrandamento das actividades mineiras e não mineiras devido ao crescimento moderado do sector agrícola. *Fonte: DCP AgriFARM 2018*

- No mesmo ano, **a inflação é estimada em 9,5%**, ligeiramente abaixo de 2018 (9,8%), devido a um aperto da política monetária pelo Banco Central. *Fonte: DCP AgriFARM 2018*

- **O défice orçamental global (incluindo subvenções) melhorou** de 1,1% do PIB em 2018 para 0,9% em 2019. As receitas fiscais, que foram 0,6 pontos percentuais inferiores às previstas na Lei das Finanças Rectificativa, apenas aumentaram para 12,5% do PIB em 2019. As receitas fiscais mineiras caíram de 2,6% para 1,9% do PIB entre 2018 e 2019 devido ao declínio das actividades mineiras de produção no segundo semestre de 2019. *Fonte: DCP AgriFARM 2018*

- Durante o mesmo período, os subsídios públicos à eletricidade aumentaram de 0,8% para 1,7% do PIB, devido ao pagamento da eletricidade fornecida pela barragem de Kaleta. Ao mesmo tempo, o governo reduziu as despesas de investimento, que foram 3,1 pontos do PIB inferiores ao orçamentado, a fim de limitar o défice orçamental. *Fonte: DCP AgriFARM 2018*

- A dívida pública diminuiu de 37,3% do PIB em 2018 para 34,4% em 2019, devido ao atraso na execução de projectos financiados por recursos externos. O risco de excesso de dívida pública permanece moderado. *Fonte: DCP AgriFARM 2018*

- A epidemia de COVID-19 está a expor o país a choques sanitários e económicos que afectarão o bem-estar das famílias. É provável que os meios de subsistência das pessoas vulneráveis, que muitas vezes trabalham no sector informal e em pequenas e médias empresas, sejam particularmente comprometidos. Especialmente porque estas pessoas têm poupanças limitadas e acesso a serviços financeiros para fazer face à crise. *Fonte: DCP AgriFARM 2018*

1.1.4 Contexto nacional, desenvolvimento e pobreza nas zonas rurais

O projeto AgriFARM nasceu do contexto socioeconómico e político da Guiné após o Ébola.

a. Panorama da economia guineense

Classificada como um país de baixo rendimento e menos desenvolvido, a Guiné foi duramente atingida pela crise do Ébola (fevereiro de 2014 - 1 de junho de 2016). Com mais de 2500 mortos, a epidemia teve um impacto na economia do país, provocando, entre outras coisas, a escassez de alimentos, grandes flutuações de preços4 e o encerramento de fábricas. O crescimento só foi retomado em 2016, impulsionado pelo sector mineiro e pelas políticas públicas a seu favor. A indústria mineira destaca-se como o motor económico do país, representando até 90% das exportações (ouro, bauxite). No entanto, a criação de emprego neste sector continua a ser limitada (menos de 2,5% da população ativa), com riscos socioambientais significativos. *Fonte: DCP AgriFARM 2018*

b. Política pública.

Neste contexto pós-crise, a Guiné está a atualizar as suas políticas públicas. O documento "Visão Guiné 2040" foi adotado em abril de 2017 e define as orientações de desenvolvimento do país, juntamente com o Plano Nacional de Desenvolvimento Económico e Social (PNDES) 2016-2020 e a Política Nacional de Desenvolvimento Agrícola (PNDA).

A versão provisória da PNDR identifica três desafios: i) maior acesso aos mercados em crescimento, nomeadamente os da sub-região e do continente; ii) produtividade elevada; iii) governação eficaz do sector agrícola. Espera-se que o sector agrícola aumente a sua contribuição para a economia nacional em 50%. O Governo comprometeu-se a afetar 12,5% do seu orçamento à agricultura, contra os actuais 7,3%. *Fonte: DCP AgriFARM 2018*

c. Potencial agrícola e urbanização

A Guiné tem um potencial agrícola significativo que continua a ser subexplorado. As condições edafoclimáticas são muito propícias à agricultura, mas apenas 25% das suas terras aráveis potenciais (6,2 milhões de hectares) são exploradas. Apesar deste potencial, o país tem baixos rendimentos, 1,25 t/ha de cereais em comparação com uma média de 1,45 t/ha na África Ocidental.

A agricultura guineense é predominantemente familiar e concentra-se em culturas alimentares, nomeadamente cereais (arroz e milho), tubérculos e óleo de palma. O arroz é a principal cultura nacional, com cerca de 2 milhões de toneladas de arroz em casca em 2014/2015. O sector agrícola cresceu 5% ao ano entre 2011 e 2013, representando 20% do PIB guineense, impulsionado principalmente pelo aumento das terras cultivadas (+10% ao ano)10.

A procura crescente de produtos alimentares é sustentada pelo crescimento da população (2,5% em 2016) e pela urbanização (38% da população em 2016, contra 33% em 2006). 4. Mercados agrícolas e transformação. Os produtos agrícolas raramente são comercializados em zonas adequadas, principalmente devido à falta de infra-estruturas de recolha e transformação. Os produtos agrícolas sofrem elevadas perdas pós-colheita, de 22% para o arroz e 20% para o milho, enquanto os elevados custos de transação, ligados às dificuldades de transporte, têm um impacto negativo nos preços de compra no campo, especialmente durante a estação das chuvas.

A falta de capacidade de armazenagem, combinada com o défice de produção e as necessidades financeiras imediatas dos produtores, obriga-os frequentemente a vender os seus produtos na altura da colheita, quando os preços são mais baixos, o que não os incentiva a aumentar o seu volume de produção na época seguinte. Consequentemente, os volumes transaccionados, especialmente no que se refere às culturas alimentares, não conseguem satisfazer a procura crescente.

Em 2014, as importações de arroz, equivalentes a 11% das importações totais, representaram 20% do consumo, embora os consumidores guineenses tenham preferência pelo arroz parboilizado local, o que representa uma oportunidade para o arroz guineense. O mercado do milho está em plena expansão com o desenvolvimento da avicultura. A transformação é efectuada quase exclusivamente em unidades de pequena dimensão, que, no entanto, tratam apenas um quarto da produção agrícola e representam uma oportunidade para este sector.

Situação nutricional. Cerca de um terço das crianças guineenses com menos de cinco anos sofre de desnutrição crónica (OMS 2015), com uma taxa de atraso de crescimento à nascença de 9% (EDS 2013). Um dos principais factores subjacentes a estes limiares elevados é a falta de variedade das dietas. Esta falta de diversidade também conduz a um estado nutricional inadequado tanto na mãe como na criança11. O duplo fardo da desnutrição é também muito prevalecente, com 13% das mulheres com um Índice de Massa Corporal (IMC) inferior a 18,5 e 14% das mulheres com um IMC superior a 25 (OMS 2015), levando a um aumento das doenças cardiovasculares e da diabetes tipo 2 (8% nas zonas rurais).

A falta de diversidade nas escolhas alimentares das famílias deve-se a deficiências relativas a: (i) à utilização dos recursos naturais e à disponibilidade de géneros alimentícios como hortaliças, frutas, leguminosas e proteínas animais, particularmente durante a época de escassez (EDS 2013); (ii) à conservação e transformação de produtos perecíveis, levando as famílias a venderem frescos (Guinea Nutrition Assessment, USAID 2015); (iii) os níveis de rendimento que não permitem a diversificação do cabaz alimentar, e o difícil acesso físico com mercados isolados e mal abastecidos; (iv) o conhecimento da preparação das refeições, hábitos de consumo, distribuição das refeições dentro do agregado familiar e aspectos de género; e (v) as práticas de cuidados e alimentação das crianças com menos de 5 anos, nomeadamente a inexistência de alimentos complementares. *Fonte: DCP AgriFARM 2018*

d. Visão geral do programa nacional do FIDA

O FIDA investiu cerca de 200 milhões de dólares em 13 projectos desde que iniciou as suas operações na Guiné em 1980. O único projeto em curso, o Programme national d'appui aux acteurs des filières agricoles (PNAAFA extensão Basse-Guinée et Faranah), com um financiamento total de 23 milhões de dólares, terminará a 31 de dezembro de 201913. Com a gestão do projeto delegada nos APO, o PNAAFA BGF é a fase final do programa nacional do PNAAFA, que teve início em 2010.

O último RB-COSOP terminou em 31 de dezembro de 2014, não tendo sido possível renová-lo nessa altura devido à crise sanitária do Ébola. No início de 2017, o Governo e o FIDA adoptaram, no entanto, uma nota de estratégia nacional para o período 2017/18, a fim de se alinharem com o calendário de revisão das políticas públicas nacionais.

Neste contexto, o Governo da Guiné solicitou a assistência do FIDA para o financiamento de um novo programa de investimento no sector agrícola, estimado em 100 milhões de dólares, para apoiar o desenvolvimento da agricultura familiar e a implementação das políticas e estratégias nacionais do Plano Nacional de Investimento Agrícola e Segurança Alimentar e Nutricional (PNIASA), ele próprio alinhado com o Plano Nacional de Desenvolvimento Económico e Social14 .

Em resposta a este pedido, o FIDA procedeu, em conjunto com o Governo da Guiné, à formulação do novo projeto intitulado Family Farming, Resilience, Markets Project (AgriFARM). Após duas missões conjuntas, de 1 a 24 de novembro de 2017 e de 14 a 31 de janeiro de 2018, o Governo da Guiné e o FIDA definiram a área de intervenção em 15 prefeituras nas regiões da Alta e Média Guiné. *Fonte: DCP AgriFARM 2018*

e. Lógica de intervenção.

O projeto visa melhorar a contribuição da agricultura familiar para o desenvolvimento económico nacional inclusivo, garantindo simultaneamente a segurança alimentar e nutricional das famílias e a resiliência às alterações climáticas. Com base no desenvolvimento de uma agricultura familiar dinâmica, o projeto apoiará um modelo económico competitivo e orientado para o mercado (oferta/procura, infra-estruturas, parcerias público-privadas), inclusivo (mulheres, jovens, APO), sustentável (resiliência às alterações climáticas) e que garanta a segurança alimentar e uma melhor situação nutricional.

Ao basear-se no crescimento da procura interna, esta estratégia terá a dupla função de (i) retirar a população-alvo da pobreza, garantindo a sua segurança alimentar e melhorando a sua situação nutricional, e (ii) contribuir para os objectivos de desenvolvimento económico do país.

A abordagem do projeto baseia-se em três princípios de intervenção: i) melhoria da segurança alimentar e da situação nutricional, tendo em conta as dimensões da disponibilidade, do acesso e da utilização dos alimentos através de sistemas sustentáveis; ii) sistémica, orientada para a procura; iii) continuidade territorial das intervenções, organizadas em torno de uma entidade coerente que segue os fluxos de produtos agrícolas.

Melhorar a segurança alimentar e nutricional dos agregados familiares através de uma agricultura familiar intensiva e orientada para o mercado. Esta melhoria será alcançada através de: i) aumento do rendimento das explorações familiares, quer através do aumento dos volumes comercializados, quer através de margens mais elevadas; ii) aumento da disponibilidade de alimentos (acesso ao mercado, produção mais autoconsumível), tanto a nível dos beneficiários como a nível nacional; iii) aumento da qualidade dos alimentos (práticas sanitárias mais diversificadas e controladas), tanto a nível dos beneficiários como a nível nacional.

Ao procurar atuar sobre os quatro pilares da segurança alimentar e nutricional - disponibilidade, acesso, utilização e estabilidade dos alimentos - o projeto adopta uma abordagem que combina a melhoria da produtividade dos sistemas de produção da agricultura familiar com a melhoria da situação nutricional das famílias. As intervenções técnicas consideram os sectores prioritários do arroz e do milho, como principal rotação de culturas para as culturas associadas, nomeadamente leguminosas e culturas de horta, também associadas à pecuária de pequena escala e à piscirizicultura, e irão melhorar a disponibilidade de produtos agrícolas nas explorações.

O aumento do rendimento ligado a um acesso mais fácil ao mercado facilitará também o acesso à compra de alimentos complementares aos produzidos e consumidos pelos próprios agricultores. A melhoria da utilização dos alimentos, tanto para os adultos como para as crianças, será objeto de campanhas de sensibilização baseadas nas práticas alimentares que podem ser melhoradas. Finalmente, através de todas as suas componentes que garantem a sustentabilidade dos sistemas e das transformações, o projeto contribuirá para uma melhoria da situação nutricional.

Uma abordagem sistémica que inclui: i) o aumento da procura através do apoio ao escoamento dos produtos agrícolas excedentários da agricultura familiar; e ii) o aumento da oferta através do apoio ao aumento da produção. Através da melhoria das infra-estruturas económicas - vias, mercados de recolha e mercados semi-prostitutos - bem como do capital social e tecnológico, o projeto visa controlar os custos de transação, a fim de aumentar o volume do comércio de cereais da agricultura familiar para os centros de consumo (cidades, bacias mineiras). O projeto visa, em última análise: i) tornar o comércio mais fluido e aumentá-lo através de cadeias de valor mais eficientes, impulsionadas por uma procura dinâmica; ii) encorajar o comércio numa base equitativa, com a normalização das medidas, a multiplicidade de ofertas e a disponibilidade de informação; iii) apoiar a formalização dos intervenientes no mercado, para lhes dar, em última análise, novas oportunidades de escoamento (mais amplas, mais diretas, etc.).

Um conjunto territorial. Esta abordagem baseia-se na tomada em consideração do espaço territorial que visa a agricultura familiar e o conjunto dos actores das principais cadeias de produtos alimentares (produtores, corretores, comerciantes, transportadores, transformadores, etc.). Esta unidade territorial de desenvolvimento económico é entendida como uma área onde se concentram as actividades económicas ligadas à produção, transformação e comercialização dos principais produtos agrícolas das bacias de produção adjacentes. Estas unidades territoriais de desenvolvimento económico são constituídas por bacias de produção (e respectivas bacias hidrográficas), por itinerários rurais estratégicos para o escoamento dos produtos e por mercados semi-grossistas que os ligam aos centros de consumo.

Esta abordagem permitirá igualmente concentrar os investimentos: i) geograficamente, orientando-os para as bacias de produção, os caminhos rurais e os mercados semi-grossistas; ii) estrategicamente, sincronizando o apoio à produção e ao seu escoamento, de modo a exprimir as sinergias entre a procura e a oferta (ver supra). O diagrama abaixo resume esta abordagem. *Fonte: DCP AgriFARM 2018*

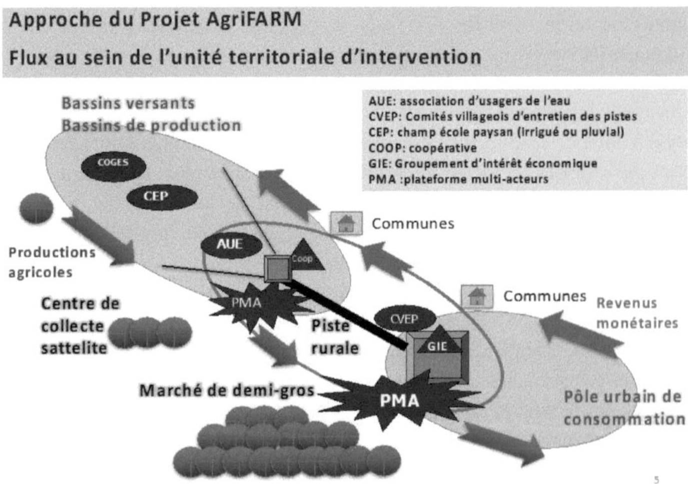

Fonte: DCP AgriFARM 2018

Figura 2: Abordagem do projeto AgriFARM

1.2 Conceitos-chave

1.2.1 Sistema de Informação Geográfica (SIG)

1.2.1.1 Definições

O SIG é composto por três palavras, cada uma com o seu próprio significado. Sendo uma ferramenta baseada na representação do que existe na superfície terrestre, o SIG é utilizado de forma generalizada. Como consequência direta, o SIG é definido de forma diferente consoante o campo de aplicação e outras escolas de pensamento. Assim, para este projeto, toma-se como referência a seguinte definição.

O SIG é "um conjunto organizado de hardware, software, dados geográficos e pessoal capaz de captar, armazenar, atualizar, manipular, analisar e apresentar todas as formas de informação geograficamente referenciada" De Blomac et al (1994) citado por J.M. FOTSING, (2005).

A partir da diversidade de definições, o questionamento também permite a compreensão do que o SIG representa. As respostas às perguntas Onde? O quê? O quê? Quando? E se? ajudarão a definir o SIG.

De acordo com M. TCHOTSOUA (2019), as definições de SIG baseiam-se nas três palavras que formam o seu acrónimo, nomeadamente GIS:

- Sistema": um conjunto de elementos que satisfazem uma relação ;

- A "informação" é o significado potencial associado aos dados que são, por sua vez, uma representação convencional de um facto, noção ou fenómeno suscetível de comunicação, interpretação ou tratamento;

- "Geográfico" refere-se à terra, às pessoas e às suas actividades na superfície da terra.

A partir destas três palavras, informação e geografia (IG) foram combinadas para designar "dados com uma referência espacial sob a forma de : 1. coordenadas geográficas 2. Nome do lugar 3. Endereço postal ou outro", Y. KOUBA (2018). Acrescenta que a IG pode ser duplicada sem deterioração, pode ser trocada a alta velocidade através de redes Web e pode ser combinada com outras informações para produzir novas informações.

A este respeito, o economista M. DIDIER (1990), num estudo realizado a pedido do Comité National de l'Informatique Géographique (CNIG), apresenta uma definição de informação geográfica que especifica os seus objectivos. Segundo o autor, o objetivo é colocar à disposição um "conjunto de dados referenciados espacialmente, estruturados de forma a poder extrair facilmente sínteses úteis para a tomada de decisões".

1.2.1.2 História do SIG

De acordo com H. CHAKROUN (2014), a necessidade de criar instrumentos de controlo e gestão do nosso território e do nosso ambiente geográfico parece ser uma tarefa inevitável todos os dias. Como afirma R. Caloz (1997) "gerir é prever, e prever a evolução de um fenómeno pressupõe conhecer a sua dinâmica e, portanto, os parâmetros que a determinam e os seus respectivos papéis". Esta gestão exige operações que representam um volume considerável de dados sobre o território e capacidades de tratamento da mesma ordem. Foi isto que deu origem aos SIG (Sistemas de Informação Geográfica).

Nas últimas cinco décadas, os SIG evoluíram de um conceito para uma ciência. A evolução fenomenal do SIG, de uma ferramenta rudimentar para uma plataforma moderna e poderosa para compreender e planear o nosso mundo, é marcada por vários marcos importantes.

1.2.1.3 Componentes

A partir das definições acima, o SIG apresenta-se como um sistema, possuindo, portanto, segmentos ou componentes. É constituído por cinco componentes:

- **Hardware**

Esta componente de um SIG é composta por vários elementos cujo âmbito vai desde a recolha de dados (GPS), ao processamento (computadores), ao armazenamento (servidores) e à difusão da informação. Estes vários elementos estão a evoluir com a tecnologia, tornando as tarefas do SIG cada vez mais fáceis.

- **Software**

Para operar o hardware, o SIG necessita de software. Consoante o estatuto da licença, este pode ser pago ou gratuito. Em termos de funcionalidade, todos os programas informáticos SIG dispõem de ferramentas semelhantes para realizar funções que vão da aquisição à representação do mundo real ou à abstração. É através da utilização de software que se aplicam os cinco A+1, nomeadamente: Aquisição, Arquivamento, Análise, Visualização, Abstração. A função de prospeção ou de antecipação acompanha as cinco funções principais.

Nesta era de soluções de código aberto, alguns softwares como o Quantum GIS estão a ser explorados. É gratuito e distribuído ao abrigo da GNU GPL (General Public License). Isto permite aos utilizadores estudar e modificar o código fonte, com acesso garantido a um programa SIG. Está disponível em várias versões (de 1 a 3.14 em julho de 2020). É um projeto oficial da Open Source Geospatial Foundation (OSGeo). A OSGeo é uma organização sem fins lucrativos fundada em 27 de fevereiro de 2006 em Delaware (EUA).

Para efeitos da presente dissertação, o QGIS é utilizado como software SIG. Está disponível para descarregamento gratuito no sítio Web oficial. É fácil de utilizar e oferece uma série de funções e acesso a extensões complementares. É também compatível com sistemas operativos (Windows, Linux, etc.), servidores e sistemas de base de dados (RDBMS como o Posgresql/Postgis).

➢ **Dados**

Na presença de hardware e software, os dados são um elemento essencial para garantir o funcionamento do sistema. Como tal, podem ser comparados ao combustível do veículo.

Para um SIG, existem duas categorias de dados: os rasters e os vectores. Em termos práticos, os rasters são imagens obtidas por digitalização e tiradas com dispositivos ou equipamentos colocados a uma certa altura do solo.

De acordo com A. DENIS (2020), existem dois tipos principais de dados geográficos: as matrizes e os vectores.

As "matrizes", mais conhecidas por "rasters", são "grelhas constituídas por células" ou, por outras palavras, "imagens constituídas por pixéis". Cada célula contém um valor que representa frequentemente um fenómeno geográfico, como a altitude ou a utilização do solo. Os exemplos incluem mapas digitalizados, fotografias aéreas, imagens de satélite, fotografias digitais e DTMs (Digital Terrain Models).

Os "vectores" são constituídos por pontos, linhas ou polígonos. Os formatos de ficheiros vectoriais mais comuns em SIG são o "shapefile" e (mais recentemente) o "GeoPackage". O termo "shapefile" é frequentemente utilizado como sinónimo de "ficheiro vetorial".

Os dados vectoriais representam a tradução das observações de campo em formas geométricas que podem ser pontuais, lineares ou de superfície.

- Objectos pontuais: um ponto é representado geograficamente pela sua longitude (x) e latitude (y). Por exemplo, a capital de uma província pode ser representada por um ponto.
- Objeto linear: definido por uma sucessão de pontos com coordenadas geográficas (x1, y1), (xn, yn). As estradas e os percursos podem ser representados por linhas.
- Objeto de superfície: definido por uma sucessão de pontos fechados (sobreposição dos pontos de início e fim do itinerário) com coordenadas geográficas (x1, y1), (xn, yn). Uma área é representada por um polígono (por exemplo, uma planície, uma lagoa).

➢ **Utilizadores**

Um sistema de informação geográfica é uma ferramenta que é operada por uma comunidade de utilizadores. Esta comunidade abrange desde os que criam e mantêm os sistemas até aos utilizadores de informação geográfica. O número de utilizadores desta comunidade está em constante crescimento graças ao desenvolvimento de novas tecnologias da informação e da comunicação.

➢ **Métodos**

A implementação e o funcionamento de um SIG baseiam-se em hardware, dados, utilizadores e software. Dada a diversidade destes componentes, o funcionamento de um SIG obedece a regras, procedimentos e normas que podem variar de uma organização para outra.

1.2.1.4 Funções

"A tecnologia GIS utiliza a ciência geográfica com ferramentas de compreensão e colaboração. Ajuda os utilizadores a atingir um objetivo comum: obter informações acionáveis a partir de todos os tipos de dados." Esri França (2020)

Isto faz do SIG um instrumento duplo de gestão e de decisão. Um SIG tem um aspeto transversal (diferentes domínios) e horizontal no que diz respeito aos actores envolvidos na gestão e utilização do espaço, ou seja, dos técnicos aos decisores.

Como indicado acima na parte do software dos componentes do SIG, as funcionalidades de um SIG podem ser resumidas em 5 A's + 1. Alguns autores utilizam estes 5 A's para caraterizar um SIG.

É neste contexto que M. TCHOTSOUA afirma: "Embora seja ainda difícil encontrar uma definição unanimemente aceite por todos, começa-se a notar uma convergência entre os autores sobre um certo número de pontos que FOTSING (2005) resume nestes termos. "*Um SIG deve ser capaz de responder às cinco questões recorrentes de base, que são:*

- Onde: onde se encontra este objeto ou fenómeno?

- O quê: o que é que se pode encontrar aí?

- Como: que relações existem entre estes objectos ou fenómenos?

- Quando: quando é que as alterações tiveram lugar?

- Se: o que aconteceria se tal e tal cenário evolutivo ocorresse?"

Nesta base, podemos dizer que um sistema de informação geográfica é: "um sistema capaz de adquirir, arquivar, dar acesso, analisar e apresentar informação geograficamente localizada". Assim, surgem as funcionalidades 5A+1, que são: Aquisição, Montagem, Arquivamento, Análise e Visualização + Abstração.

Por exemplo, I. BALDE (2008) descreve as funcionalidades de um SIG nos seguintes termos.

Abstração: para representar o mundo real, os dados são organizados em objectos gráficos ou elementos geométricos caracterizados por atributos. Estes objectos são colocados em relações baseadas na interpretação da realidade, ou seja, eles e o seu ambiente.

Aquisição: é o processo pelo qual o SIG é alimentado com dados vectoriais ou raster. Neste caso, os dados são disponibilizados em formato digital.

Arquivamento: trata-se de gerir os dados numa base de dados e de os transferir de um espaço de trabalho para o armazenamento.

Análise: refere-se à manipulação e interrogação de dados para fins de consulta (espacial, de atributos, etc.).

Visualização: O seu objetivo é permitir ao utilizador compreender os fenómenos espaciais, desde que a representação gráfica respeite as regras da cartografia.

a. Como funciona

Um SIG funciona com base no princípio da sobreposição de camadas geográficas. Este princípio é incorporado em cada pacote de software sob a forma de um projeto, por exemplo qgis (QGIS) ou mxd (ARCGIS) ou wor document (MapInfo).

1.2.2 O conceito de geolocalização

A geolocalização é o processo pelo qual um objeto ou fenómeno é localizado num mapa através das suas coordenadas geográficas. Para além da longitude e da latitude, foi introduzida uma terceira dimensão com a medição da altitude. Tudo isto é possível graças ao Sistema de Posicionamento Global (GPS). A evolução da tecnologia permitiu democratizar esta noção de geolocalização com uma dimensão transversal. O exemplo do Android é um exemplo disso mesmo. Os satélites, os sinais Wi-Fi, GSM, Bluetooth e os endereços IP são técnicas de geolocalização.

1.2.3 GPS

De acordo com o Office québécois de la langue française (2008), o GPS é um "sistema de localização que permite, num determinado momento, determinar a posição geográfica de um objeto ou de uma pessoa, através de sinais transmitidos por satélites colocados em órbita da Terra a um recetor situado no local a localizar".

Inicialmente, o gps foi concebido pela NAVSTAR (*Navigation System using Time and Ranging*) para uso militar (exército americano). Com o tempo, a sua utilização foi alargada aos civis. Atualmente, estão a ser desenvolvidos outros sistemas em todo o mundo, como *o Galileo* na Europa e o *Beidou* na China. *O Glonass* é outro sistema de posicionamento por satélite desenvolvido pela Rússia.

Como sistema, o GPS é composto por três segmentos:

- Segmento espacial
- Segmento de controlo
- Segmento de utilizadores.

1.2.4 Geomática

De acordo com o Office québécois de la langue française (2004), a geomática é uma "disciplina cujo objetivo é a gestão dos dados geográficos e que utiliza as ciências e as tecnologias relacionadas com a sua aquisição, armazenamento, tratamento e difusão".

A geomática utiliza tecnologias informáticas para processar e representar informação geográfica. O seu objetivo é representar todos os objectos na superfície da Terra e os acontecimentos que aí ocorrem. Com a evolução das tecnologias, desempenha um papel cada vez mais importante na compreensão e no planeamento dos territórios. É o caso da projeção de acções num território, bem como da medição e do acompanhamento do impacto.

1.2.5 Informação geográfica (IG)

A informação geográfica é um conjunto de dados que podem ser localizados numa determinada área. Geralmente, pode ser representada sob a forma de mapas, tabelas e imagens. A representação da informação sob a forma de mapa está associada a elementos gráficos (pontos, linhas e polígonos).

Para este estudo, a informação geográfica abrange :

- o território definido pela divisão administrativa da Guiné;
- a zona do projeto ;
- a localização das actividades previstas;
- infra-estruturas rodoviárias e mercados na zona do projeto.

A informação geográfica é obtida através da análise e interpretação de determinados dados. No caso das imagens de satélite, após a classificação, a informação é recolhida e depois integrada numa base de dados. Em seguida, é representada num mapa que pode ser utilizado por um vasto leque de utilizadores.

1.2.6 Cartografia

1.2.6.1 Definições

A cartografia é o conjunto de técnicas e operações utilizadas para produzir mapas. Para o efeito, utiliza dados ou resultados de observações diretas ou de documentação. De acordo com a enciclopédia, um mapa é uma representação geométrica simplificada, convencional e plana de toda ou parte da superfície terrestre, numa escala adequada.

Acompanhando a evolução da disciplina ao longo do tempo, a Associação Cartográfica Internacional define a cartografia "como a disciplina que se ocupa da conceção, produção, difusão e estudo dos mapas". A cartografia evoluiu de uma disciplina estática para uma disciplina interactiva ou cartografia dinâmica.

1.2.6.2 História da cartografia

A história da cartografia inclui algumas das ciências que lhe estão associadas. São elas: a geodesia, a topografia, a fotogrametria, a teledeteção, os sistemas de informação geográfica (SIG), o sistema de posicionamento global (GPS), a matemática e a estatística. Ao longo do tempo, as técnicas de cartografia sofreram grandes alterações devido à passagem progressiva da produção manual para a automatização.

Ao longo dos séculos, a produção cartográfica tem sido constantemente influenciada pela evolução tecnológica. As antigas técnicas que utilizavam caneta e tinta foram substituídas ao longo do tempo por computadores e software. Como resultado, a qualidade das representações cartográficas melhorou, ao mesmo tempo que o tempo e os custos de produção foram reduzidos.

Nos últimos anos, o desenvolvimento do multimédia e a introdução da realidade virtual juntaram-se à experiência cartográfica. Todas estas disciplinas são distintas, têm caraterísticas comuns e partilham um aspeto importante, que é a sua relação com a cartografia. Este facto motivou o desenvolvimento de componentes cartográficos em certas disciplinas, cujo conhecimento básico constitui uma parte importante da cartografia moderna.

A cartografia caracteriza-se hoje por dois factores. Em primeiro lugar, a sua utilização interdisciplinar faz desta disciplina um pilar da nossa civilização, pois é difícil imaginar a praticabilidade de uma área de atividade à superfície da terra sem um mapa. Perante a diversidade de desafios que se colocam à humanidade, nomeadamente ao ambiente, a cartografia nunca deixou de apresentar soluções, sobretudo quando combinada com outras ferramentas (SIG, teledeteção).

Por outro lado, o seu carácter dinâmico confere-lhe uma segunda caraterística essencial. A disciplina da cartografia está no centro de uma revolução provocada pelos progressos da tecnologia informática.

1.2.7 Mapeamento interativo

1.2.7.1 Definições

Segundo P. MARTIN (2004) "a conceção de sistemas cartográficos de alto desempenho e o crescimento dos meios de comunicação ligados às diversas tecnologias da informação deram origem a novos horizontes como a distribuição cartográfica na Web, que parece destinada a um grande futuro. De facto, se a popularidade do software SIG se explica por uma gama de produtos adaptados às necessidades dos utilizadores, a quota de mercado prevista para os SIG que incorporam tecnologias Web, como o protótipo desenvolvido nesta dissertação, não pára de crescer e deverá atingir 67% do total de SIG no mercado em 2004, contra apenas 15% em 1999.

Desde 2005, algumas das principais empresas da Internet, como a Yahoo, a Microsoft e a Google, têm vindo a desenvolver serviços de cartografia em linha. Estes serviços são acompanhados por API que permitem aos programadores integrar mapas de fundo da sua fonte nas suas aplicações SIG em linha. A estes gigantes da Internet juntaram-se na sua iniciativa vários organismos governamentais, incluindo o IGN em França e o Ordnance Survey no Reino Unido.

O número de serviços oferecidos por estas organizações está a aumentar constantemente. Permitem aos programadores acrescentar os seus próprios dados para representação em mapas de base. De um ponto de vista funcional, são disponibilizadas ferramentas interactivas (zoom, reação ao clique, cálculo de distâncias, classificação de fenómenos espaciais, etc.) com o mapa. R. P. TATSO (2011)

De acordo com D. GADIOU (2012), "os SIG, historicamente dedicados aos especialistas, estão a aproximar-se do grande público sob diversas formas mais ou menos simplificadas. Quando são associados a práticas da Web 2.0, os utilizadores da Internet podem interagir, ou seja, ler e escrever mapas, o que tende para um novo conceito de SIG participativo."

Os termos seguintes estão associados ao SIG do consumidor, pelo que é importante defini-los.

- A neo-geografia (nova geografia) é uma tendência caracterizada pela prática de criar mapas personalizados em linha a partir de diferentes fontes de dados e ferramentas. Trata-se de uma nova prática que se tornou possível graças ao desenvolvimento de ferramentas de cartografia em linha, como o Google Maps e o Open Street Map.
- A geoweb é um termo geral utilizado para descrever todas as aplicações ou serviços relacionados com a localização geográfica.
- O WebMapping descreve aplicações dinâmicas em linha que resultam numa representação cartográfica. O WebMapping é um tipo particular de aplicação geoweb e está relacionado com a neogeografia.

Sobre a emergência da cartografia interactiva, G. AYEL (2013) afirma
"A forma em papel tem os seus limites e os utilizadores procuram mais interatividade para comunicar e divulgar informações de uma forma mais divertida, com base na cartografia interactiva. Uma interface cartográfica interactiva tem de ser simples e intuitiva. As ferramentas interactivas e a conceção devem basear-se em aplicações clássicas de cartografia Web.

1.2.8 Conceito de cartografia em linha

De acordo com I. BALDE (2008), a cartografia em linha responde a necessidades reais de divulgação rápida de informações e de atualização remota de dados. Embora o resultado cartográfico facilite a compreensão da área circundante, a implementação de tais plataformas exige competências interdisciplinares, tanto no domínio da informática como da geografia.

A cartografia em linha desenvolvida através da Internet é uma forma de cartografia digital. Utiliza a Internet para produzir, desenhar e publicar informação geográfica através de mapas. É neste âmbito que se desenvolveram vários serviços de cartografia, como o Google Maps, o Google Earth e o Bings Maps. O serviço Open Street Map é uma solução cooperativa gratuita.

1.2.9 Internet

1.2.9.1 Definição

Segundo a Wikipédia, a Internet é a rede mundial de computadores acessível ao público. É uma rede de redes comutada por pacotes, sem hub central, composta por milhões de redes públicas, privadas, académicas, comerciais e governamentais, elas próprias agrupadas em redes autónomas (eram mais de 91 000 em 2019).

A Internet foi popularizada nos anos 90 com o aparecimento da World Wide Web. Isto levou ao aparecimento e crescimento de objectos conectados (2010). A informação é transmitida através da Internet utilizando um conjunto normalizado de protocolos de transferência de dados, permitindo uma variedade de aplicações como o correio eletrónico, a World Wide Web, as mensagens instantâneas, o peer-to-peer, o streaming e a teleconferência.

A Internet atrai um número cada vez maior de utilizadores, vulgarmente designados por "surfistas". O acesso à Internet é fornecido por um fornecedor através de vários meios de comunicação eletrónica. Estes podem ser com ou sem fios, como o 4G ou o 5G.

1.2.9.2 Web 2.0

De acordo com a Wikipédia, a "Web 2.0", também conhecida como Web participativa, refere-se a todas as técnicas, funções e utilizações que se seguiram à forma original da Web, www ou *World Wide Web*. Caracteriza-se pela sua simplicidade e interatividade (sociabilidade).

Esta forma original da Web diz respeito, nomeadamente, às interfaces e aos intercâmbios que permitem aos utilizadores da Internet com poucos conhecimentos técnicos apropriarem-se das novas funcionalidades da Web. Oferece aos utilizadores da Internet a oportunidade de contribuir, trocar informações e interagir. Isto torna os utilizadores da Internet activos na Web.

1.2.9.3 Utilizador da Internet

O termo utilizador da Internet refere-se a qualquer pessoa que utilize um navegador Web para visitar sítios Web. A partir desta visita, o utilizador da Internet pode obter informações na rede e também interagir com outras pessoas.

1.2.10 Webmapping ou mapeamento dinâmico na Internet

I. BALDE (2008) define webmapping como um termo genérico que abrange o processo de distribuição de mapas através de uma rede como a Internet ou a Intranet e a sua visualização num navegador. Por outras palavras, pode ser designado por SIG Web. A descoberta dos SIG Web através de serviços de cartografia como o Google Map ou o Google Earth foi possível graças ao aparecimento do Android.

1.2.10.1 Componentes de Webmapping

O Webmapping requer três componentes: um cliente, um servidor de mapas e dados geolocalizados.

G. AYEL (2013) explica os três componentes que utilizou no webmapping.

- **Clientes**

Os clientes cartográficos são utilizados para visualizar dados espaciais. Podem ser aplicações de ambiente de trabalho ou clientes cartográficos executados através de um navegador Internet. Uma API é utilizada para fornecer uma biblioteca Javascript e funções para integrar dados geográficos num sítio Web. Esta linguagem de programação permite a interação com o utilizador.

- **Servidores**

Os servidores são dispositivos de armazenamento que oferecem serviços aos clientes. Alojam a aplicação e os dados que o utilizador (cliente) pode consultar. Existem servidores Web (Apache, IIS) e servidores de dados espaciais ou cartográficos. Um servidor permite a realização de acções e outras funções. A interação com o servidor é facilitada pela linguagem PHP.

- **Redes**

As redes são dispositivos que permitem a comunicação entre o servidor e o cliente através da intranet, da Internet ou de geoserviços.

1.2.10.2 Criação de webmapping

De acordo com G. AYEL (2013), para criar uma aplicação de difusão de dados cartográficos, é necessário desenvolver uma base de dados espaciais. As mais interessantes são a "PostGis", a "MySQL spatial" e a "Oracle Spatial". Os servidores de mapas também são úteis para a distribuição de camadas espaciais. Os mais utilizados são o Mapserver e o Geoserver.

O GeoServer é, como o seu nome sugere, um servidor de mapas OpenSource (como o MapServer) que permite distribuir ou modificar dados espaciais na Web. Existem outras alternativas proprietárias que fornecem mais ou menos os mesmos serviços, como o ArcGis Server, o CubeWerx SDI Suite, o ERDAS APOLLO, etc.

O Geoserver é desenvolvido em Java. V. Besand, L. Ecault (2020) afirmam que o Geoserver funciona no lado do servidor como uma aplicação gerida por um servidor de aplicações Java (servlet) como o Tomcat. O Geoserver tornou-se a implementação de referência da OGC (software modelo) para a distribuição de dados de acordo com as normas WFS e WCS (serviço Web para dados vectoriais e raster, respetivamente) e continua a ser um dos melhores pacotes de software para a distribuição de mapas (montagem de camadas estilizadas) em WMS.

1.2.11 Conceito de base de dados

Existem várias teorias sobre o conceito de base de dados, consoante a área de interesse. Quando se trata de representar o mundo real, a procura de semelhança leva-nos muitas vezes a criar modelos. Sobre este assunto, H. ABBADI (2012) considera que o mundo real é demasiado vasto e complexo para a nossa compreensão imediata e direta. É por isso que criamos "modelos" da realidade que pretendem ter alguma semelhança com certos aspectos do mundo real. Para o conhecimento da natureza dessa realidade, são criadas bases de dados a partir desses modelos.

Segundo M. BRASSEUR (2008), uma base de dados BD é uma entidade na qual é possível armazenar dados de forma estruturada e com o mínimo de redundância possível. A base de dados está frequentemente ligada a uma rede para partilhar informações. Os dados resultantes são disponibilizados a diferentes utilizadores, independentemente da sua localização geográfica. Os utilizadores podem introduzir, consultar e atualizar os dados, tudo com base em direitos de acesso.

1.2.12 Base de dados (RDBMS)

A. CORNUEJOLS (2010) define SGBD como um software de uso geral que trata dos processos de definição, construção, manipulação e partilha de bases de dados por e entre diferentes utilizadores e aplicações.

Num RDBMS, os dados são armazenados e ligados. Os dados de atributos correspondem a informações de atributos que descrevem um determinado espaço, enquanto os objectos geográficos são dados geométricos referenciados. Os dados de atributos são diretamente ligados a uma determinada geometria num SIG utilizando ligações informáticas ODBC.

I. BALDE (2008) explica que, numa conceção em linha, os mapas são apresentados através de programas instalados em servidores de mapas que comunicam através de protocolos predefinidos. A geometria é gerida utilizando o cartucho espacial RDBMS.

1.2.13 Modelação de dados

A modelação espacial consiste em identificar e delimitar elementos ou objectos num espaço geográfico, representar esses elementos através de unidades gráficas (pontos, linhas, polígonos, etc.) e distribuí-los por diferentes camadas. Uma vez modelados, os dados são armazenados numa base de dados SIG.

A conceção de uma base de dados começa com a modelização concetual. O seu objetivo é identificar os elementos do espaço em questão e, em seguida, determinar as estruturas de acordo com as caraterísticas observadas. Finalmente, este processo é completado pela ligação dos diferentes elementos. Esta fase de modelação tem em conta dados geográficos e não geográficos.

Neste processo de modelação, as entidades são estruturadas de acordo com os seus atributos. Em função das suas caraterísticas, uma entidade é estruturada em campos, cuja descrição é dada num dicionário de dados. De acordo com J. C. OUEDRAOGO (2011), "o dicionário de dados define todos os dados elementares de interesse para o domínio de estudo em questão". Para além do dicionário, existem também os diferentes modelos de dados (concetual, lógico, físico).

- **Modelo concetual de dados**

Um modelo concetual de dados é um conjunto de conceitos utilizados para descrever e manipular dados do mundo real, bem como regras para a utilização desses conceitos. Os modelos são compostos por duas partes: uma parte estática que descreve a estrutura dos dados (MCD) e as restrições explícitas sobre esses dados (CI), e uma parte dinâmica que define o tratamento dos dados (MCT).

Os conceitos básicos de modelação são :

- Objectos agrupados em classes e identificados,
- Ligações entre objectos com as suas cardinalidades,
- Propriedades do objeto,
- A representação múltipla dos objectos. GAGER (2020)

- **Modelo de dados lógicos**

De acordo com J-F. PILLOU (2008), o modelo lógico de dados consiste em descrever a estrutura de dados utilizada sem fazer referência a uma linguagem de programação. Trata-se, portanto, de especificar o tipo de dados utilizados durante o tratamento. O modelo lógico depende, portanto, do tipo de base de dados utilizada.

- **O modelo relacional**

Cada classe de entidade no modelo concetual torna-se uma tabela no modelo lógico. Os identificadores da classe de entidade são chamados de *chaves de tabela*, enquanto os atributos padrão se tornam atributos de tabela, ou seja, colunas.

1.2.14 Portal GIS

Segundo a Esri France (2020), um portal cartográfico é uma intranet ou um sítio Internet que oferece uma porta de entrada comum para uma vasta gama de recursos centrados no domínio da cartografia.

Em termos de divulgação de informação, a Oracle (2005) define um portal como um local central onde qualquer tipo de informação pode ser disponibilizado a um público alargado. Com a evolução da tecnologia, existem atualmente muitos serviços que utilizam dados geográficos disponíveis para o público em geral através da Web: consulta de mapas, visualização, localização, pesquisa, etc.

F. MERRIEN (2011) afirma: A Web 2.0 permitiu o desenvolvimento inicial da informação geográfica na Internet. Mas este desenvolvimento vai continuar a expandir-se graças a duas outras mudanças tecnológicas: por um lado, os terminais móveis (smartphones, tablets, etc.) e, por outro, os sistemas de posicionamento, que utilizam sistemas de satélite (Global Navigation Satellite Systems, incluindo o GPS) ou antenas de retransmissão da rede de telemóveis.

O autor apresenta a Web 2.0 em duas dimensões:

- Uma dimensão social: é relacional, dirigida ao grande público, baseada na partilha e no intercâmbio entre os utilizadores da Internet, que se tornaram produtores de informação (Facebook, YouTube, Flickr, Twitter, Wikipédia, Google Maps...). No domínio da informação geográfica, qualquer pessoa pode tornar-se um contribuinte, como no projeto OpenStreetMap, que visa criar mapas gratuitos de todo o mundo.
- Uma dimensão técnica: a Web 2.0, baseada em AJAX (Asynchronous JavaScript And XML; um cocktail de tecnologias pré-existentes), é baseada em aplicações, o que significa que a sua principal contribuição técnica é permitir a criação de aplicações informáticas em linha, acessíveis com um simples navegador, nas quais pode ser criada uma interface bastante rica.
  Esta interface é uma página HTML, na qual certas zonas são utilizadas para trocar dados com o servidor utilizando XML (mas também noutros formatos: JSON, HTML, texto simples). O AJAX pode ser entendido como a combinação de quatro elementos: - uma aplicação informática no servidor (codificada em Java, PHP ou outro), 2/10 CGDD/DRI/MIG - uma página HTML fornecida pelo servidor, apresentada no computador do utilizador (cliente) e que incorpora código JavaScript que permite ao cliente realizar determinados processos simples sem recorrer ao servidor, - trocas de dados em XML (ou outro) entre o servidor e o cliente, - folhas de estilo CSS para apresentar estes dados de forma legível no cliente. O Google Maps, o Bing Maps e o Géoportail são aplicações informáticas que utilizam as tecnologias AJAX, nomeadamente para apresentar mapas e torná-los interactivos.

1.2.14.1 Funcionalidades do portal

A funcionalidade de um geoportal pode ser resumida como o fornecimento de ferramentas e dados que permitem aos utilizadores da Internet obter as informações de que necessitam. É oferecida aos utilizadores uma gama de opções, incluindo o acesso e a liberdade de seleção ou escolha de dados, seguida de manipulação, visualização, pesquisa e consulta. Para além destas funções, o portal pode também ter funções específicas, como a adição de dados, o levantamento e as ferramentas de cálculo.

1.2.14.2 Identificação das necessidades

Para definir as funcionalidades de uma plataforma Web, é necessário avaliar as necessidades dos utilizadores. Quem são esses utilizadores?

Sobre esta questão, J. C. OUEDRAOGO (2011) identifica dois grupos de utilizadores (os do domínio público e o administrador).

Do ponto de vista da comunicação e da visibilidade, o primeiro grupo é o principal alvo a atingir. E as suas necessidades limitam-se geralmente à consulta de dados e à navegação.

O autor prossegue dizendo que, para os utilizadores do domínio público, estas são as funções padrão para os dados geográficos, nomeadamente :
- ***navegação***: visualização, deslocação e ampliação do mapa ;
- ***Pesquisa***: pesquisa de informações com base em critérios geográficos ou de atributos;
- ***exportação***: formatação de mapas em formato imprimível (nomeadamente em PDF).

1.2.14.3 Arquitetura do sistema

Sobre a arquitetura do sistema, R.P.TATSO (2011) explica: quando um cliente Web se liga à plataforma através do protocolo http, pode solicitar a visualização de um mapa correspondente a um local geográfico específico. Neste caso, a nossa plataforma recupera os dados ligados ao pedido na base de dados MySQL e, em seguida, envia o pedido para o servidor Google Maps através da Internet, que envia imediatamente o mapa correspondente para o cliente. O cliente pode então interagir com o mapa utilizando funções JavaScripts do lado do cliente. Para implementar esta arquitetura, foram necessárias as seguintes ferramentas: o servidor de dados MySQL (SGBD), o servidor Web Apache e o servidor de scripts PHP, todos contidos num único pacote.

1.2.14.4 Exemplo de um portal GIS

A implementação de um geoportal depende dos objectivos definidos nas especificações. No que respeita às funcionalidades acima descritas, as diferentes plataformas podem apresentar semelhanças. Por exemplo, alguns autores descrevem os geoportais nestes termos.

De acordo com I. BALDE (2008), um portal pode ser organizado da seguinte forma:

- Será colocada uma faixa na parte superior do ecrã. Esta incluirá um logótipo e informações sobre todas as ferramentas gratuitas utilizadas para criar a plataforma.
- O lado esquerdo do ecrã é reservado à seleção das camadas a visualizar.
- No centro, temos a área de visualização do mapa gerada a partir das camadas selecionadas e a paleta de ferramentas de navegação.
- À direita, a secção dedicada à investigação.

Mais detalhadamente, J. C. OUEDRAOGO (2011) descreve um geoportal em quatro zonas:

A zona 1 é a zona de visualização do mapa. No canto superior esquerdo encontram-se as ferramentas de navegação para :

- Para aumentar o zoom, clique com o botão esquerdo do rato no sinal de mais ;
- Para diminuir o zoom, clique com o botão esquerdo do rato no sinal de menos;
- para mover o mapa numa direção, clique com o botão esquerdo do rato na seta que indica essa direção.

A Zona 2 apresenta a lista de camadas disponíveis. Existem dois (2) tipos de camadas: mapas de base e sobreposições. Os sinais de mais (+) e menos (-) à frente das etiquetas são utilizados para expandir ou fechar um nó. Para mostrar ou ocultar uma camada, basta clicar no botão de opção à frente do seu nome. Esta área tem um botão para a fechar, de modo a libertar espaço para aumentar o mapa.

A zona número 3 apresenta a legenda para as camadas visíveis na zona número 1. Se uma camada estiver oculta, não aparece na legenda. Se uma camada for tornada visível, aparece na legenda.

A zona 4 apresenta os critérios de pesquisa de informações. Existem dois (2) critérios: geográfico e tipo de informação. O critério geográfico indica que a pesquisa se baseia na unidade territorial selecionada.

1.2.15 Informações

a. Definição de informação

O Larousse define informação como qualquer acontecimento, facto ou juízo levado ao conhecimento de um público mais vasto ou mais restrito, sob a forma de imagens, texto, discurso ou som. Em informática, é definida como um elemento de conhecimento que pode ser representado através de convenções, a fim de ser armazenado, processado ou comunicado.

De acordo com a Wikipédia, a informação refere-se tanto à mensagem a ser comunicada como aos símbolos utilizados para a escrever. Utiliza um código de sinais com significado, como os caracteres alfanuméricos.

Por outras palavras, a informação pode ser definida como um conjunto organizado de dados sobre um objeto ou acontecimento que facilita a sua compreensão. É geralmente obtida através do tratamento de dados. Na prática, a informação desempenha um papel importante no processo de tomada de decisões e na compreensão dos fenómenos na Terra.

De acordo com P.ROMAGNI & V.WILD (2012), a informação é considerada como "informação que melhora o nosso conhecimento de qualquer assunto".

b. Divulgação de informações

Quando a informação está disponível, coloca-se a questão de saber como divulgá-la. A divulgação da informação é facilitada e eficaz pela Internet. Esta minimiza ou mesmo elimina o impacto da distância e da localização geográfica na transmissão de informações em todo o mundo. De acordo com M. BEN HENDA (2012), a difusão da informação foi muito alargada graças às ferramentas e serviços da Internet. A linguagem HTML é uma das novas alternativas colocadas na rede para contribuir maciçamente para este fenómeno de Informação-Comunicação. O HTML é a língua franca da Web e tornou-se a interface unificadora de quase todos os serviços da Internet.

1.2.16 Visibilidade do projeto

O termo "visibilidade" tornou-se ultimamente muito comum nos projectos. Centra-se no conhecimento em grande escala de todas as acções e realizações do projeto num determinado momento da sua execução. Para o conseguir, podem ser utilizadas várias ferramentas.

1.2.17 Conceito de projeto de desenvolvimento

Um projeto de desenvolvimento é um projeto que é geralmente financiado por doadores bilaterais, multilaterais ou privados e que visa melhorar o nível socioeconómico de um país (PIB) e as condições e o nível de vida da população local do país (PNB). J. G. KONYAOLE (2001)

De acordo com o Project Management Institute (PMI), citado por N. FONTIL (2009), um projeto é qualquer atividade realizada uma vez, com um início e um fim específicos, com o objetivo de criar um produto ou conhecimento único. Pode envolver uma única pessoa ou milhares de pessoas. Pode durar alguns dias ou vários anos. Pode ser realizado por uma única organização ou por um grupo de entidades interessadas. Pode ser algo tão simples como a organização de um evento de um dia ou tão complexo como a construção de uma barragem num rio.

Em conclusão, o Capítulo 1 apresentou o enquadramento do estudo e do estágio (projeto AgriFARM). Em seguida, o contexto científico foi amplamente abordado de modo a compreender os vários conceitos-chave relacionados com áreas como a geomática e as suas ferramentas, as bases de dados RDBMS, o servidor de mapas, a cartografia interactiva e o webmapping, a disseminação de informação através da

Internet, etc. Isto permitiu uma melhor compreensão dos temas mais apropriados sobre o assunto do desenvolvimento de um geoportal para a disseminação de informação.

Recorde-se que a introdução geral do documento apresenta o contexto e o estado da arte da problemática da cartografia interactiva, nomeadamente a nível local. Em seguida, são apresentadas as questões de investigação, as hipóteses e os objectivos em relação a estes temas. Foram definidos três objectivos específicos para este estudo e uma abordagem metodológica é desenvolvida no capítulo seguinte.

MATERIAIS E MÉTODOS

A metodologia desenvolvida neste capítulo para o geoportal apresenta as etapas seguidas no trabalho de campo e de laboratório. O procedimento e as ferramentas de recolha de dados são detalhados na secção dedicada ao trabalho de campo para georreferenciar as actividades do projeto AgriFARM na Alta e Média Guiné.

A secção de laboratório apresenta todo o processo envolvido na criação da base de dados (postgresql/postgis), no processamento dos dados de campo e na aquisição e processamento de dados a partir de recursos online (opensource). É igualmente abordado o processo de aquisição de dados OSM, topográficos e de imagens de satélite. A integração dos dados na base de dados e no servidor de mapas também é abordada.

Após o trabalho de laboratório, este capítulo termina com a seleção da informação a divulgar, a elaboração do caderno de encargos e o contacto com o fornecedor de serviços para o desenvolvimento web do geoportal.

Em suma, a maior parte do conteúdo do presente capítulo contribui para a realização dos objectivos específicos acima definidos. O quadro seguinte apresenta uma panorâmica da abordagem metodológica.

1.3 Visão geral da abordagem

Questões de investigação	Objectivos específicos	Pressupostos	Secção capítulo 2	Indicadores
Q1 - As ferramentas geomáticas podem ser utilizadas para cartografar as actividades previstas para um projeto de desenvolvimento?	assegurar a geolocalização/georeferenciação das actividades previstas pelo projeto em toda a sua área de intervenção (Alta e Média Guiné);	*H1*: As ferramentas geomáticas permitem geolocalizar, tratar, analisar e difundir todas as informações ligadas às actividades de um projeto.	Aquisição de dados cartográficos para o projeto AgriFARM	-um SIG funcional baseado em 5 componentes constituídos por soluções de código aberto; as actividades previstas pelo projeto AgriFARM são geo-referenciadas na zona de intervenção (Alta e Média Guiné)
Q2 - Uma plataforma geoportal assegura a divulgação de informação sobre as actividades dos projectos de desenvolvimento?	Processar e integrar dados sobre as actividades do projeto AgriFARM numa base de dados GIS e num servidor de mapas para publicação;	*H2*: uma base de dados SIG fornece as informações necessárias para a publicação	Software GIS Modelo concetual de dados Base de dados Servidor de mapas	-Uma base de dados GIS gerada por um RDBMS (postgresql/postgis) está disponível e funcional; -os dados a publicar estão disponíveis no geoserver ou como ficheiro livre em formato shp ou geojson
Q3 - A disponibilidade de informação geográfica na Internet	tornar os dados geográficos acessíveis numa plataforma	*H3*: As ferramentas de programação Web podem ser		-os dados selecionados pelo coordenador do projeto são publicados no geoportal;

contribui para tornar visíveis as acções de um projeto?	Web concebida com funcionalidades clássicas de cartografia dinâmica;	utilizadas para conceber e distribuir informação geográfica gerada a partir de um SIG.	Criação da plataforma web	- http://www.geo-agrifarm.com é acessível na Internet através de um navegador;

1.4 Métodos de campo

1.4.1 Modelação de projectos

A análise da abordagem territorial do projeto AgriFARM permitiu-nos identificar um modelo espacial baseado em várias unidades interdependentes. A área de intervenção do projeto assenta essencialmente no espaço geográfico ocupado pelas regiões agro-ecológicas da Alta e Média Guiné, constituídas por 15 Unidades Territoriais de Desenvolvimento Económico (UTDE). Estas UTDE são constituídas por 34 comunas visadas pelo projeto, nas quais se situam os mercados, as bacias de produção, as bacias hidrográficas e os caminhos.

As actividades do projeto estão distribuídas pelas áreas geográficas acima referidas. Incluem o desenvolvimento de sub-bacias hidrográficas e de bacias de produção, a construção de mercados, a reabilitação de caminhos rurais e de troços de estradas nacionais, o empreendedorismo, a criação de cooperativas e de outras associações e de plataformas multilaterais.

A identificação das zonas ou unidades geográficas e das actividades nelas previstas conduziu a uma categorização dos dados de base do projeto, que são os seguintes

a. dados cartográficos de base (topográficos)
    - fronteiras administrativas (país, região natural, prefeitura, subprefeitura, município)
    - transportes (rede rodoviária nacional)
    - hidrografia (oceano, rio, bacia hidrográfica)
    - topografia (curvas de nível)
b. dados do sector (diretamente ligados às actividades e indicadores do projeto).
    - repartição das zonas do projeto (zona de intervenção nacional, zona da Média Guiné, zona da Alta Guiné, UTDE, comunas-alvo, localidades beneficiárias, etc.)
    - bacia de produção (planície, lagoa)
    - zona de atração a desenvolver (terreno de aldeia)
    - mercado
    - vias e estradas a reabilitar
    - aldeias afectadas (atravessadas pelas vias a reabilitar)
    - outras intervenções do projeto (espírito empresarial, campos escolares, CVEP, etc.)

Os vários dados foram recolhidos de acordo com o planeamento operacional do projeto, o nível de progresso das actividades, as necessidades específicas (relatórios, produção e publicação de mapas, etc.). A este respeito, tendo em conta o progresso das actividades do projeto no contexto da Covid-19, as actividades de recolha de dados centraram-se no mapeamento dos locais de intervenção previstos no documento concetual do projeto. Outros parâmetros foram utilizados para caraterizar os locais de intervenção em termos de indicadores-chave, faseamento e financiamento.

1.4.2 Aquisição de dados

1.4.2.1 Recolha de dados no terreno

Uma vez que os dados de base (limites administrativos, hidrografia, topografia, transportes e utilização dos solos) foram adquiridos em laboratório, a recolha de dados no terreno centrou-se nos locais de intervenção do projeto. Trata-se de mercados, caminhos rurais e estradas nacionais, bacias de produção (planícies e lagoas), certas sub-bacias hidrográficas e aldeias que beneficiam das acções do projeto.

A recolha de dados foi efectuada de acordo com um procedimento em vigor (manual de acompanhamento e avaliação), completado por um procedimento relativo aos dados espaciais (georreferenciados). Os instrumentos de recolha de dados foram formalizados para ter em conta as necessidades de georreferenciação do objeto da recolha de dados. Para o efeito, foi elaborado um formulário de recolha de dados. Foi concebido para conter a localização em longitude, latitude, altitude e caraterização dos sítios.

Para levar a cabo a atividade de recolha de dados, foi organizada uma série de missões no terreno em três períodos para cobrir toda a zona de intervenção do projeto. Estas tiveram lugar em abril na Média Guiné e em setembro na Alta Guiné, utilizando os recursos do projeto. Uma terceira missão foi realizada em novembro de 2020 para complementar os dados da Média Guiné.

As ferramentas utilizadas são :

- GPS garmin map 64S

Este recetor foi utilizado em zonas isoladas, onde não era possível carregar o tablet Android para obter pontos de passagem e traçar trajectos rurais. Dependendo da zona, a precisão é de cerca de 3 m. Este recetor GPS utiliza pilhas alcalinas (AA). Dependendo do volume de trabalho, uma carga de duas (2) pilhas durava em média 24 horas.

- Fundamentos da aplicação gps

Foi escolhido pelas suas caraterísticas, que incluem a capacidade de proteger os dados exportando-os ou partilhando-os em linha, a captação de fotografias geo-referenciadas e uma precisão que é frequentemente inferior a 3 m (na tecnologia Android). Se tiver acesso à Internet, pode também visualizar os dados recolhidos na plataforma osm ou google map.

Para o utilizar, instalámos o gps essentials num tablet android techno através da playstore. As configurações foram então efectuadas para definir as unidades de posicionamento e de medição.

- Qfield

Foi utilizado para verificar e validar determinados dados no terreno. Os dados são organizados em camadas num projeto QGIS e podem ser acedidos diretamente por sincronização ou transferência manual do projeto para um dispositivo Android.

A aplicação foi instalada através da playstore (android). De seguida, foram escolhidos alguns parâmetros de apresentação no Android (visualização, escala, atributos, atualização do mapa, etc.). Para garantir um posicionamento correto, foram activadas as opções de localização android e de posição atual qfield.

No QGIS, preparámos as camadas alvo e uma camada de ponto de controlo num projeto, todas guardadas no mesmo diretório. Esta pasta foi copiada para o diretório android. O projeto é aberto no qfield (definições, abrir projeto) e dá acesso direto às camadas (objectos e atributos) para visualização, manipulação e modificação.

Como a ferramenta de adição de entidades estava integrada, utilizámo-la para recolher pontos de controlo sempre que necessário. Por fim, a pasta que contém o projeto e as camadas foi transferida para o computador de tratamento e integração de dados (QGIS). Esta aplicação foi também utilizada durante os trabalhos para completar os percursos (lineares) dos caminhos rurais e troços de estradas nacionais.

Dois (2) tablets android samsung e techno, escolhidos pela sua duração da bateria, precisão de localização (menos de 3 m) e capacidade de tirar fotografias. A utilização de dispositivos Android permitiu o acesso a dados online, como o OpenStreetMap e imagens de satélite no terreno. Isto foi possível graças à extensa cobertura de telemóveis na área de estudo.

Os equipamentos acima descritos, bem como os dispositivos GPS e Android, fazem parte da aquisição do projeto para a recolha de dados. Quanto às aplicações QFIELD e QGIS, são soluções open-source, pelo que não existe qualquer custo envolvido na sua aquisição. Em termos de funcionalidade, o QGIS fornece as mesmas funções SIG que outros softwares comerciais (ArGIS, Mapinfo).

1.4.2.2 Calibração dos instrumentos de recolha

Antes de recolher dados com todas estas ferramentas, procedemos à sua calibração para garantir a qualidade dos dados (posicionamento). Este procedimento de calibração tem em conta aspectos como as unidades de medida e o posicionamento.

Para a aplicação essencial gps, no menu de parâmetros, efectuámos as seguintes escolhas:

- unidades de distância (quilómetro, metro)
- datum de posição (Sistema Geodésico Mundial, 1984)
- formato da posição (decimal para apresentação das coordenadas em graus decimais, UTM para metros).

Para o gps garmin map 64S, os passos de inicialização são :

- abra o menu principal do recetor e depois a opção de configuração ;
- na configuração, selecionar os parâmetros a calibrar (sistema, tempo, unidades ou formato de posição)

A caixa seguinte apresenta pormenores sobre cada parâmetro:

Sistema
- *GPS (Normal)*
- *Língua (francês)*
- *Tipo de pilha (alcalina)*
- *Interface (série Garmin)*

Unidades
- *Distância (métrica)*
- *Altitude (metros)*
- *Temperatura (Celsius)*
- *Pressão (milibares)*

Tempo
- *Formato da hora (24 horas)*
- *Fuso horário (Automático)*

Formato da posição
- *Formato da posição (exemplo: UTM UPS para UTM)*
- *Sistema geodésico (WGS 84)*
- *Elipsoide do mapa (WGS 84)*

1.4.2.3 Processo de recolha de dados

Depois de os receptores GPS terem sido inicializados, deslocámo-nos para uma área aberta para nos certificarmos de que os satélites estavam ligados. Esperámos que o recetor captasse um mínimo de quatro satélites antes de começar a recolher dados.

Assim, para cada ponto, marcámos e demos um nome e uma descrição útil que se alinhava com o conteúdo da folha de recolha. Em relação às linhas, programámos o percurso e percorremos o caminho (linear) dos caminhos rurais e troços de estradas nacionais.

Ao longo destes caminhos e estradas, registámos os pontos de passagem das aldeias, as estruturas de atravessamento e outros dados importantes para estabelecer o estado de referência destas infra-estruturas.

Ao nível dos locais de mercado e das bacias de produção, tomámos pontos de localização que serviram de referência para os trabalhos de laboratório. Numa primeira fase, foi em laboratório que se obtiveram as curvas de nível das planícies e lagoas que constituem as bacias de produção, na sequência da classificação do uso do solo.

As camadas lineares (caminhos rurais e estradas nacionais) obtidas em laboratório a partir dos dados osm foram verificadas e validadas no terreno com a aplicação QField. Para isso, preparámos um projeto no QGIS e sincronizámo-lo com o QField. No terreno, as trajectórias das linhas foram corrigidas em função das necessidades.

1.4.2.4 Transferência de dados georreferenciados para o computador

- gps garmin map 64 S

Para a recolha de dados geográficos, o projeto escolheu o recetor GPS Garmin map 64 S. Trata-se da última geração da gama Garmin e tem a vantagem de ter mais funções do que as versões mais antigas, como o map 60. Dispõe de portas que lhe permitem funcionar como uma pen USB em termos de ligação a um computador como periférico. Não necessita de qualquer software ou aplicação específica para a mobilidade dos dados, o que facilita o acesso a diferentes utilizadores.

Há três fases na transferência de dados para o computador.

- Ligue o gps ao computador utilizando o cabo USB (é aconselhável utilizar o cabo original, caso contrário existem outros cabos disponíveis no mercado que podem desempenhar o mesmo papel);
- Utilizando o Explorer, procure o dispositivo (Garmin GPSMap 64s). Contém a pasta GPX (waypoints e tracks em corrente) cujos ficheiros estão organizados por ordem cronológica dos pontos tomados e guardados. Todos os waypoints tomados num dia são guardados num único ficheiro com o nome waypoint seguido da data. Este ficheiro em formato gpx é transferido do aparelho para o computador, onde é utilizado diretamente no software qgis.

Para transferir os dados da aplicação gps essentials, utilizámos dois métodos (armazenamento interno e partilha online). No menu de exportação, escolhemos a opção de formato (gpx 1.0, kmz, kml), o local de armazenamento ou a opção de partilha (e-mail, redes sociais, drive, etc.).

1.4.2.5 Inquéritos

Para este projeto, os inquéritos tinham dois objectivos: por um lado, obter dados sobre o projeto e os seus locais de intervenção (indicadores-chave, faseamento, financiamento) e, por outro lado, identificar as diferentes questões e expectativas associadas à criação de uma plataforma geoportal como instrumento de difusão da informação.

Foi elaborado um questionário que abrange os vários aspectos do tema e administrado a um público-alvo no âmbito do projeto AgriFARM. Foram realizadas entrevistas individuais e semi-estruturadas com a equipa técnica do projeto. Estas entrevistas foram realizadas nos locais, em articulação com as reuniões e missões de campo efectuadas durante este período.

1.5 Métodos laboratoriais

Com exceção do software Envi e do Google Earth Downloader, a maior parte do equipamento de laboratório utilizado neste projeto é de código aberto. Estes oferecem a vantagem de serem licenciados livremente e facilmente acessíveis aos utilizadores. Para os fins deste trabalho, portanto, os recursos de código aberto fornecem a maior parte da funcionalidade, desde a recolha de dados até à sua divulgação.

1.5.1 Modelo concetual de dados

A modelização concetual dos dados foi efectuada segundo o método MERISE. Tendo em conta certas dificuldades encontradas na utilização da versão gratuita do programa JMERISE, foi utilizado para esta modelação um outro programa gratuito de análise IS (v0.80 - cairns).

O Analyse SI foi descarregado a partir de
https://sgbd.developpez.com/telecharger/detail/id/2578/Analyse-SI.
Oferece a vantagem de acrescentar um grande número de entidades de associação, fornecer o dicionário de dados e gerar, após o MCD, o MPD (Modelo Físico de Dados), a versão SQL e o Modelo Lógico de Dados Relacionais (MLDR).

Para criar este MCD, foi criado um novo documento chamado "agro-agrícola" utilizando o software. De seguida, adicionámos cada entidade utilizando a ferramenta correspondente. A entidade recebe um nome e todos os campos associados, nomeadamente o identificador. Note-se que, para cada entidade, o identificador representará a sua chave primária na base de dados.

Depois de adicionar todas as entidades do projeto, identificámos e adicionámos os possíveis tipos de associação entre as entidades. Em geral, as associações são designadas por verbos no infinitivo, por exemplo, compor, pertencer, etc. Finalmente, adicionámos as ligações cardinais entre as entidades.

a. Nomenclatura de entidades e campos

Para responder às exigências da gestão de dados SIG, a nomenclatura das diferentes entidades ou camadas deve ser convencional. Para este projeto, tivemos em conta a cobertura espacial, a área do projeto e o conteúdo da camada como critérios de nomenclatura. Estes critérios são utilizados para situar o utilizador em relação ao conteúdo da camada.

Por exemplo, uma camada tem o seguinte nome: xx_xxxx_xxxx
parte1 : xx (zona de cobertura da camada)
parte 2: xxxx (conteúdo da camada)
parte 3: xxxx (conteúdo da camada ou outra referência relevante).

Exemplo: gn_limit_prefc (limite de todas as prefeituras da Guiné)

Os campos foram nomeados utilizando abreviaturas para garantir um número razoável de caracteres. As associações foram nomeadas com verbos no infinitivo, conforme exigido pelo procedimento. Dada a semelhança de certas associações, utilizámos várias vezes um verbo, diferenciando-o por um número no final, por exemplo, appartenir 1, appartenir 2. A ligação de cardinalidade foi identificada em todas as suas formas (0,1-1,1-0, N-1, N).

O modelo concetual de dados para este projeto é composto por 41 entidades ligadas por 51 associações com diferentes cardinalidades.

b. Dicionário de dados

O dicionário é gerado automaticamente após a integração do modelo de dados conceptuais (MDL) utilizando o software Analyse SI. Para cada entidade ou camada, fornece o nome dos campos e as suas caraterísticas individuais, tais como o significado do nome, o tipo e o tamanho dos caracteres.

Para além do dicionário de dados, o Analyse SI gerou automaticamente o modelo físico e o código sql a partir do MCD.

O código sql para algumas entidades foi extraído do MCD. Tem em conta três sintaxes, incluindo mysql e postgresql.

```
DROP TABLE IF EXISTS gn_contour ;
CREATE TABLE gn_contour (Id_contour_guinee BIGINT AUTO_INCREMENT NOT
NULL,
nom_contour_guinee VARCHAR(30),
PRIMARY KEY (Id_contour_guinee)) ENGINE=InnoDB;

DROP TABLE IF EXISTS gn_rnat ;
CREATE TABLE gn_rnat (Id_rnat_region_naturelle BIGINT AUTO_INCREMENT NOT
NULL,
nom_gn_rnat VARCHAR(30),
pop_2014_gn_rnat INTEGER,

?
```

```
Id_contour_guinee **NOT FOUND**,
PRIMARY KEY (Id_rnat_region_naturelle)) ENGINE=InnoDB;

DROP TABLE IF EXISTS gn_radm_limit ;
CREATE TABLE gn_radm_limit (Id_radm_region_administrative BIGINT
AUTO_INCREMENT NOT NULL,
nom_region_administrative VARCHAR(30),
pop_2014_region_administrative INTEGER,
PRIMARY KEY (Id_radm_region_administrative)) ENGINE=InnoDB;

⍰
```

Este código sql permitiu-nos criar tabelas num software de SGBD, o postgresql.

1.5.2 Base de dados

1.5.2.1 Instalação do postgresql/postgis

Para este projeto, escolhemos o software postgresql devido à sua licença gratuita e à sua capacidade de ter em conta dados espaciais através da sua extensão postgis. A versão 12 do Postgresql foi descarregada do sítio Web oficial www.posgresql.org/. Durante o processo de instalação, respeitámos a natureza de serviço do postgresql no Windows e criámos uma palavra-passe para o superutilizador postgres. A porta por defeito 5432 foi mantida, assim como a codificação local. A versão do PostGIS correspondente ao postgresql 12 foi instalada utilizando a aplicação Stack Builder.

1.5.2.2 Criar a base de dados

O primeiro passo foi abrir a interface pgadmin 4 e ligar-se ao servidor utilizando a palavra-passe de superutilizador do postgres. De seguida, criámos a base de dados a partir do menu "Base de dados" com as seguintes opções: nome "agrifarm", proprietário "postgres", codificação "UTF8", limite de ligação "-1".

Para manipular os dados espaciais, adicionámos a extensão postgis para a base de dados "agrifarm" a partir da opção "criar extensão", clicando com o botão direito do rato em agrifarm. À frente da secção "name", escrevemos postgis para permitir o acesso a uma lista pendente da qual faz parte. Basta seleccioná-la e depois criar. Quando actualizámos a base de dados "agrifarm", verificámos que a tabela "spatial_ref_sys" foi criada automaticamente, tendo em conta todos os sistemas de referência espacial.

Depois de testar a base de dados, ligámo-la ao software GIS (QGIS) para importar as tabelas espaciais. É de salientar que a maioria das camadas deste projeto foram criadas e depois actualizadas no QGIS e, por fim, os ficheiros foram exportados para o postgresql. No entanto, é possível criar as tabelas diretamente na base de dados postgresql e depois adicionar as entidades no QGIS.

1.5.2.3 Criar e atualizar tabelas

As tabelas da base de dados GIS foram criadas em duas fases. Todas as tabelas relacionadas com a informação geográfica do país e do projeto foram criadas no software GIS QGIS. Foram depois importadas para o postgresql através do postgis, como se explica nas secções seguintes deste documento.

Outras tabelas do MCD foram criadas diretamente em postgresql. Note-se que estes quadros permanecem vazios (sem dados) porque estão ligados a actividades do projeto que não foram iniciadas durante o período de formação. É o caso dos indicadores, da linha de base e do nível de progresso das actividades. Recorda-se que apenas os dados de planeamento serão tratados no presente relatório.

1.5.2.4 Criar tabelas na base de dados postgresql

Com o postgresql, temos duas formas de criar tabelas (ou a partir do editor sql ou através do menu table no esquema público). No menu table, clicámos com o botão direito do rato para aceder à opção CREATE e depois Table. De seguida, chamámos à tabela deste exemplo "gn_prj_ind_perimetres_irrigues" no esquema "public" com "postgres" como proprietário.

A segunda etapa consistiu em criar os diferentes campos ou colunas, tal como previsto no MCD do projeto. Para cada campo, foi escolhido o tipo de dado ou carácter, com parâmetros de comprimento e precisão para as casas decimais. Por fim, a chave primária foi escolhida, neste caso, como "id".

O segundo método consiste em utilizar o editor de comandos sql. Pode preparar o texto no bloco de notas ou introduzi-lo diretamente no postgresql, como se mostra nesta caixa.

```
CREATE TABLE public.gn_prj_ind_perimetres_irrigues
(
   id integer NOT NULL,
   nom_perimetre character varying(30) COLLATE pg_catalog."default",
   sup_exploites integer,
   hommes integer,
   femmes integer,
   jeunes integer,
   menages_tres_vulnerables integer,
   CONSTRAINT gn_prj_bp_perimetres_irrigues_pkey PRIMARY KEY (id)
)
```

1.5.3 Software GIS

Para a escolha do software SIG, alinhámos com a política do projeto AgriFARM, nomeadamente a utilização de recursos opensource. Escolhemos o Quantum GIS de entre uma lista de programas de código aberto como o gvSIG, o uDIG e o OpenJump. O QGIS oferece, entre outras, as seguintes vantagens

- compatível com grass e saga ;
- possibilidade de utilizar várias fontes e formatos de dados espaciais;
- ligação fácil a SGBDs como o postgresql através do postgis ;
- várias extensões para tarefas específicas;
- ligação a plataformas de imagiologia como o google e o bing map ;
- disponível no Android através do qfield ;
- uma grande comunidade de utilizadores;
- podem ser criados mapas interactivos.

O facto de o software estar constantemente a ser desenvolvido é um fator de estabilidade. É frequente encontrarem-se bugs em várias versões.

1.5.3.1 Instalar o QGIS

A versão 3.6, compatível com o sistema operativo Windows, foi descarregada do site oficial www.qgis.org. A instalação foi efectuada seguindo as instruções passo-a-passo predefinidas.

O QGIS está organizado da mesma forma que o software GIS tradicional, com uma barra de menus, ferramentas, explorador, janela de desenho ou mapa e barra de estado.

Antes de começar a criar as camadas ou tabelas, foi criado um projeto qgis denominado "projeto agrifarm" para alojar todas as camadas geradas. Seguimos a seguinte ligação: Menu Projeto - Novo. Isto permitiu-nos visualizar e sobrepor todas as camadas.

Ao mesmo tempo, foram definidas algumas propriedades do projeto, como o Sistema de Coordenadas de Referência (RCS) com o código EPSG 4326 correspondente à projeção longitude/latitude WGS 84. Foram também escolhidas as unidades de medida da distância e da área: metro, quilómetro e hectare, respetivamente, na opção "Propriedades do projeto --- Geral".

1.5.3.2 Instalação de extensões

Uma das caraterísticas especiais do qgis é o facto de oferecer a opção de instalar e utilizar extensões, que são desenvolvidas de acordo com temas específicos. Para instalar uma extensão, seguimos os passos abaixo:

- ligar-se à Internet ;
- abrir o menu das extensões - instalar/gerir extensões ;
- procure o nome da extensão (por exemplo, openlayer plugin);

- selecionar e instalar a extensão.

1.5.3.3 Criação de camadas vectoriais

Criámos camadas vectoriais (ponto, linear e superfície) utilizando a mesma abordagem, sendo a única diferença a escolha do tipo de objeto e das suas caraterísticas (campos). As camadas foram criadas da seguinte forma:

- Menu "Layer" - Adicionar uma camada - Nova camada shapefile (shp)
- Indicar o nome e a localização da camada
- Selecionar a codificação UTF8 predefinida
- Selecionar o tipo de geometria (ponto/linha/polígono)
- EPSG :4326 - WGS84
- Adicionar um campo: id é um campo criado por defeito pelo sistema. Para cada tipo de entidade, adicionámos tantos campos quantas as caraterísticas existentes. Para cada campo, atribuímos um nome em minúsculas, depois o tipo de acordo com a natureza e o número de caracteres alfanuméricos.

1.5.3.4 Adicionar camadas no qgis

- **Dados GPS**

Os dados recolhidos no terreno com o recetor gps garmin 64 S e a aplicação gps essential foram adicionados ao qgis como camadas vectoriais (Menu Camada - Adicionar uma camada -Adicionar uma camada vetorial). Na interface "Data source managers", com uma escolha predefinida de ficheiro como tipo de fonte, procurámos os dados alvo no conjunto de dados vectoriais (procure o diretório de dados e selecione o tipo de ficheiro. O tipo de ficheiro pode ser gpx, gps 1, kml, kmz.

Uma vez aberto o ficheiro, é dada a opção de selecionar as camadas vectoriais a adicionar, podendo escolher entre waypoint, track e route. Em função do conteúdo da camada, optámos por selecionar waypoint (pontos), track (linha e polígono). Desta forma, as camadas são apresentadas de acordo com o seu conteúdo (objectos).

Os dados recolhidos pelo android através do gps essencial podem ser guardados e depois transferidos em formato kml, que é aberto diretamente como uma camada vetorial e depois convertido novamente em shp para quaisquer actualizações (estrutura e conteúdo).

Para fazer quaisquer alterações a estas camadas, guardámo-las numa outra camada, desta vez em formato shp. Com este formato, foram feitas todas as modificações (adições ou eliminações, actualizações de campos, alterações da forma dos objectos gráficos).

- **Dados Excel ou de texto**

Uma vez que a recolha de dados foi efectuada em alguns sítios por gestores de projectos, recebemos os dados em formato Excel. Estes foram convertidos para o formato csv com um separador de ponto e vírgula. Para projetar esta tabela no qgis, seguimos os passos abaixo:

- Menu Camada - adicionar camada - adicionar uma camada de texto delimitado ;
- Carregue o ficheiro a partir do seu ficheiro ;
- Dar um novo nome ou manter o antigo;
- Selecionar a codificação (UTF 8)
- Formato do ficheiro (verificar os delimitadores personalizados, separador e ponto e vírgula) ;
- Selecionar as opções de campo e de registo (se aplicável) ;
- Definição da geometria (ponto por defeito, definir os campos de longitude e latitude de acordo com a correspondência x e y)
- Selecionar o SCR para a geometria (4326) ;
- Assinalar o índice espacial

Uma vez adicionados, os objectos de pontos gráficos são apresentados na janela de desenho. Isto guarda a camada no formato shp, tornando-a mais fácil de utilizar. Note que também é possível projetar dados Excel no qgis utilizando a extensão "spreadsheet layers". Para aceder a ela, siga o procedimento de instalação das extensões qgis.

- **Dados do OpenStreetMap**

Os recursos de cartografia colaborativa (OpenStreetMap) são a principal fonte de dados topográficos de base para o projeto. São complementados por dados recolhidos a nível nacional (Ministério do Planeamento, Agricultura da República da Guiné, IGN, JICA).

Estas diferentes fontes de dados são complementares. Os dados do OSM estão agora actualizados e incluem a topografia e as divisões administrativas. Além disso, apresentam a ocupação do solo à escala nacional, facilitando o acesso a camadas vectoriais sobre vários temas (hidrografia, transportes, residência, etc.).

A aquisição de camadas vectoriais (pontuais, lineares e de superfície) através desta plataforma apresenta uma vantagem em termos de sobreposição de dados para um geoportal, uma vez que as imagens de fundo dos mapas interactivos utilizam os mesmos dados (osm). Isto poupa tempo na recolha de dados e é uma referência para qualquer projeto SIG.

Para aceder aos dados do OSM, seguimos o seguinte procedimento:

- Ligue-se à Internet e abra a ligação https://www.openstreetmap.org/ num browser;
- Criar uma conta de utilizador e uma palavra-passe ;

- Início de sessão e pesquisa de país (Guiné) ;
- Em função do objetivo, escolha o mapa padrão (divisão administrativa, utilização do solo, etc.) ou o mapa de ciclo (topografia);
- Exportar selecionando a opção de transferência geofabrik https://download.geofabrik.de/
- Selecione o continente, depois o país e o formato do ficheiro (osm ou shp).

1.5.3.5 Adicionar e processar dados OSM no QGIS

Os ficheiros em formato osm são abertos diretamente no software QGIS para visualização e processamento. No formato osm, os dados são extraídos por tipo de entidade (pontos, linhas, polígonos) e, em seguida, cada tipo é guardado como uma camada shp.

Assim, abrimos o ficheiro osm a partir do menu de camadas (adicionar uma camada vetorial). Dada a dimensão da área e o grande número de objectos gráficos, a interface de seleção de camadas apresentou todas as camadas disponíveis. O número de entidades é muito elevado, porque é tida em conta a utilização dos solos a nível nacional.

Ao juntar todas estas camadas agrupadas, foi possível apresentar camadas vectoriais: pontos (áreas construídas, pontos de interesse), linhas (rede rodoviária, cursos de água) e polígonos (divisões administrativas, utilização do solo). Para facilitar a extração de entidades por tema, as camadas foram guardadas em formato shp.

Os dados do osm contêm informações suficientes. Dependendo das necessidades do projeto, fizemos consultas para extrair a informação. Por exemplo, para a camada de polígonos, a tabela de atributos foi visualizada para compreender os diferentes campos. Isto permitiu-nos fazer uma consulta por expressão sobre os atributos para selecionar todas as entidades da mesma categoria (por exemplo, administração). As entidades selecionadas na sequência da consulta são registadas numa camada "exemplo de região administrativa".

O resultado deste exercício foram as seguintes camadas: hidrografia, rede rodoviária, aglomeração, aldeia e povoação, ambiente construído, limite administrativo, limite do país, uso do solo. Sendo os dados osm universais, os campos foram actualizados de acordo com o dicionário de dados do modelo concetual de dados criado para este projeto.

As camadas resultantes foram sobrepostas aos dados recolhidos no terreno para verificação, correção e validação. Esta sobreposição foi efectuada no qgis no âmbito da atualização das camadas vectoriais.

1.5.3.6 Atualização das camadas vectoriais s

Foi aplicado para modificar a estrutura das camadas e o seu conteúdo (objectos gráficos e atributos). Foi nesta fase que processámos e integrámos todos os dados que tinham sido tomados em notas no terreno e os que tinham sido retirados da documentação do projeto (indicadores chave, planeamento, etc.). Todas estas camadas foram ajustadas e depois sobrepostas às camadas de base obtidas a partir do tratamento dos dados osm.

- **Modificação da estrutura das camadas**

As camadas de dados do osm são compostas por vários campos, a maior parte dos quais não são necessários para este projeto. Além disso, a classificação e a divisão de certas entidades, como a rede rodoviária, não corresponde à utilizada oficialmente na Guiné. Para fazer estas correcções, as camadas foram renomeadas e depois reestruturadas de acordo com as caraterísticas específicas das necessidades do estudo.

A designação das camadas seguiu uma abordagem convencional com abreviaturas. Por exemplo, para nomear a camada limite para as prefeituras da Guiné, escolhemos gn(guinée)_limit(limite)_pref(préfecture), daí a camada "gn_limit_pref". No qgis, para nomear uma camada, clique com o botão direito do rato e depois em guardar como para dar o nome e direcionar para o diretório de destino.

Para apagar ou acrescentar um campo numa camada, realizámos esta tarefa na tabela de atributos. Com o qgis, como com qualquer outro software sig, qualquer modificação de uma camada deve ser feita primeiro selecionando a camada e passando para o modo de edição. A edição assume a forma de uma ferramenta na tabela de atributos da camada, ao mesmo tempo que adiciona, elimina e calcula campos. Assim, para acrescentar ou apagar um campo numa dada camada, passamos a camada para o modo de edição, o que ativa diretamente as ferramentas de modificação da camada.

- **Adicionar, modificar e eliminar objectos gráficos**

Fizemos isto em várias camadas durante a operação de verificação, corrigindo caraterísticas como estradas, caminhos rurais, hidrografia, limites administrativos e uso do solo. Foram utilizadas ferramentas de digitalização avançadas para adicionar, mover, modificar linhas, polígonos (nós) e eliminar uma entidade.

Para as entidades lineares e de superfície, a opção de encaixe foi activada para facilitar a junção de nós para polígonos vizinhos que partilham a mesma linha de contorno (limite administrativo, uso do solo). Por outro lado, o snap permitiu uma boa junção ou intersecção de linhas, em particular da rede (estradas, hidrografia).

Nos dados osm, depois de fazer zoom e sobrepor o mapa bing ou a imagem de satélite do google, notámos quebras em certas caraterísticas (linhas). Para corrigir esta situação, digitalizámos os dados utilizando a ferramenta "adicionar uma caraterística", o que nos permitiu completar os caminhos rurais e as estradas nacionais após a interpretação da imagem.

Antes de aceder a esta plataforma de imagens no qgis, utilizando uma ligação à Internet, foi instalada a extensão "openlayer plugin". Esta permite aceder a todos os dados em linha (openstreetmap, google image, bing map, etc.).

Relativamente às bacias de produção representadas por planícies ou lagoas, os pontos de campo GPS foram sobrepostos à imagem de satélite. Uma vez localizada a planície ou lagoa através da interpretação do uso do solo, para o qual o ponto GPS constituía a referência principal, procedeu-se à digitalização dos limites da bacia de produção.

A representação do objeto deve ser fiel, razão pela qual os pontos de ancoragem ou os nós foram corrigidos em caso de falhas de digitalização. Para um projeto de geoportal, é importante trabalhar a representação dos objectos em camadas vectoriais sobre a imagem. Isto garante que as caraterísticas são corretamente sobrepostas nos diferentes fundos cartográficos (osm, híbrido, satélite).

A ferramenta "nó" foi utilizada para mover e reajustar os nós das linhas ou polígonos. Este passo é importante porque dele depende a qualidade dos dados. Finalmente, a geometria foi verificada e as correcções necessárias foram feitas utilizando as ferramentas qgis.

Para separar ou fundir entidades, as ferramentas correspondentes com os mesmos nomes foram utilizadas durante o processamento de objectos gráficos de linhas e polígonos. Estas ferramentas foram particularmente importantes para a extração de troços de estradas nacionais e caminhos rurais.

No geral, esta abordagem foi muito útil para processar os dados de osm como as camadas de base do estudo e complementá-los com camadas de bacias de produção e outras infra-estruturas. No final deste processamento, obtiveram-se os dados de base (layers) para caminhos rurais, troços de estrada a reabilitar e bacias de produção.

- **Adição e modificação de dados de atributos**

Os dados dos atributos foram adicionados à tabela de atributos de cada camada em modo de edição. No qgis, este processo é possível através da introdução de dados (texto ou numéricos) nas células de registo correspondentes a cada entidade. Para os campos geométricos (comprimento, área, perímetro, longitude, latitude), actualizámo-los automaticamente.

- **Atualização do campo**

Foram criadas camadas vectoriais lineares e superficiais para as várias entidades, com os valores dos parâmetros comprimento, área e perímetro associados a determinados indicadores-chave. É o caso dos caminhos rurais, das estradas nacionais e das bacias de produção. A ferramenta calculadora de campo foi utilizada com base em funções geométricas dedicadas aos diferentes parâmetros, $x, $y (longitude e latitude), $length (comprimento) e $area (área).

A montante, nas propriedades do projeto que contêm as camadas, escolhemos as unidades de medida da distância (metro, quilómetro), da superfície (hectare) e a visualização das coordenadas em graus decimais. Para além dos campos geométricos, a ferramenta de cálculo de campos foi também utilizada para atualizar outros dados de atributos.

1.5.3.7 Validação das camadas de base do projeto

A nível nacional, o Ministério do Planeamento forneceu a repartição administrativa actualizada das comunas. Os dados do IGN e da agência de cooperação japonesa JICA foram utilizados para verificar a utilização dos solos. As camadas da divisão administrativa da Guiné foram validadas na sequência desta triangulação de informações provenientes destas diferentes fontes.

Esta validação foi efectuada em qgis através da sobreposição de todas as fontes de informação e da correção das entidades utilizando ferramentas de digitalização avançadas. Numa escala mais pequena (bacia hidrográfica, bacia de produção, aldeia, etc.), foram utilizadas imagens de satélite para completar e verificar os dados, o que permitiu ganhar tempo. Isto poupou tempo.

1.5.3.8 Imagens de satélite

O Google Earth e as imagens de satélite gratuitas (landsat, sentinel 2, SRTM) foram utilizados para apoiar ou complementar os inquéritos de campo. Para atingir o objetivo a curto prazo de localizar os locais de intervenção do projeto, utilizámos imagens do Google Earth e do Bing Map com Qgis.

A utilização de imagens do google earth e do bing map justifica-se pelo facto de a aplicação google earth oferecer a oportunidade de encontrar imagens mais recentes do que as do bing map. E as imagens estão disponíveis ao longo de vários anos para análise da evolução espacial dos locais de intervenção.

Após os dados relativos aos principais locais de intervenção (planícies, caminhos rurais, etc.), passámos aos dados topográficos. Estes fornecem as curvas de nível e permitem identificar e validar os limites das bacias hidrográficas.

- **Imagem SRTM**

Para este estudo, os dados topográficos são úteis para o desenvolvimento das bacias de produção e das bacias hidrográficas em particular. Servem igualmente para a leitura dos locais identificados para a construção de mercados, caminhos rurais e troços de estrada nacional.

Os dados topográficos estão disponíveis na plataforma de dados terrestres da NASA. As imagens STRM (Shuttle Radar Topography Mission) com uma resolução de 30 m são gratuitas. Cobrem todos os países num padrão de grelha. Estão disponíveis como imagens raster em formato tiff.

Para adquirir estas imagens, é necessária uma fase de registo. Para este projeto, este registo foi efectuado através do Earthdata Login (nasa.gov). Foi criada uma conta no perfil para o processo de visualização e descarregamento.

As imagens srtm foram descarregadas a partir de https://dwtkns.com/srtm30m/. Para o efeito, procurámos as zonas de estudo nesta grelha.

Após o descarregamento, a imagem denominada N11W012 (exemplo) é adicionada ao qgis para processamento. Foi primeiro visualizada com outros dados da zona para garantir a sua qualidade. Em seguida, extraímos as curvas de nível com um espaçamento entre linhas de 10 m.

Para extrair as curvas de nível no qgis, seguimos os passos abaixo: Menu raster - Extraction - Contour (escolha o intervalo entre as curvas de nível, por exemplo, 10 m). Note que após a extração, são geradas as dimensões das curvas de nível em m.

Para além das curvas de nível, delimitámos as zonas de captação a partir das imagens srtm. Para o efeito, trabalhámos a imagem no qgis, mas desta vez com grass e a ferramenta r.watersed. Verificámos também a sobreposição da rede hidrográfica disponível em camadas vectoriais.

Para os locais do projeto, estas imagens forneceram dados topográficos, a delimitação das bacias hidrográficas e dos cursos de água, bem como o traçado de certos caminhos e estradas. Estes dados são essenciais para o processo de planeamento do projeto, que é o objeto da divulgação de informação.

No seguimento do projeto SIG para o AgriFARM, recolhemos também imagens de satélite gratuitas (landsat 8 e sentinel 2) para cada unidade territorial de desenvolvimento económico. Estas imagens são particularmente úteis no processo de elaboração de instrumentos de planeamento (planos de gestão de bacias hidrográficas, por exemplo). Note-se que o período abrangido por esta síntese não inclui estas actividades, dado o atraso no arranque devido à covid-19.

- **Imagens Landsat e Sentinel 2**

As imagens Landsat e Sentinel 2 são parte integrante da componente de dados GIS do projeto AgriFARM. É por esta razão que procedemos à sua aquisição de acordo com o seguinte procedimento.

- Inscrição através de um formulário em linha no sítio Web https://ers.cr.usgs.gov/.
- validação do registo por correio eletrónico ;
- abrir o sítio num navegador https://earthexplorer.usgs.gov/;
- pesquisa, delimitação de zonas (por polígono);
- escolha de parâmetros (período de captação da imagem, cobertura, nuvem ...)
- escolha o satélite na opção de conjunto de dados (por exemplo, landsat 8 ou sentinel 2);
- apresenta o resultado, depois a pegada e a pré-visualização da imagem (mostrar a sobreposição de navegação). Escolhemos uma imagem com uma data de aquisição de 22-09-2020.
- opções de descarregamento ;
- escolha do último ficheiro (Geotiff de nível 1, produto de dados, geralmente maior do que os outros ficheiros).

Após o download, todas as fitas estão num ficheiro comprimido com o nome LC08_L1TP_201053_20200922_20201006_01_T1. Após a descompressão, a pasta contém as onze (11) cassetes.

Consoante o objetivo, utilizaremos as faixas B2 a B4 para a utilização do solo (área construída, área cultivada, vegetação) nas sub-bacias hidrográficas. Para a monitorização ecológica baseada na avaliação do estado de stress da vegetação, poderão ser utilizadas as faixas B4, B5 e B6.

- **Processamento de imagens de satélite**

As imagens Landsat 8 foram processadas com o software Envi 5.1. Inicialmente, definimos a tipologia de classes de uso do solo numa sub-bacia. Como os caminhos rurais, os caminhos de mato e os cursos de água foram obtidos a partir dos dados osm, interessou-nos o ambiente construído das aldeias, as áreas cultivadas e a vegetação.

No Envi, compilámos as tiras para criar um metadado. Como a cena da imagem cobre geralmente uma área maior do que o local de estudo, foi realizada uma extração para este fim. Utilizámos a ferramenta de piquetagem de camadas no menu de ferramentas básicas para extrair o contorno da área de estudo (como um ficheiro vetorial).

Antes de passar à classificação, as bandas B2, B3 e B4 foram ordenadas de acordo com os espectros vermelho, verde e azul (RGB). Por fim, realizámos uma classificação não supervisionada utilizando a opção Isodata e convertemos a classe num vetor. Note-se que esta classificação deve ser completada por um controlo no terreno (dados de campo GPS). O resultado é uma camada de ocupação do solo da sub-bacia (dados de base indispensáveis ao ordenamento do território).

1.5.3.9 Aplicação Google Earth

Descarregámos o google earth pro a partir de https://www.google.com/earth/versions/. A configuração foi instalada localmente. O Google Earth Pro foi inicialmente utilizado para identificar e localizar sítios como planícies e lagoas. No âmbito deste projeto de dissertação, foi utilizado para completar os dados sobre as infra-estruturas (caminhos rurais e troços de estradas nacionais). De notar que os dados iniciais sobre os caminhos e estradas foram obtidos a partir da plataforma Open Street Map.

Para localizar as zonas no Google Earth, efectuámos uma pesquisa na plataforma. Os dados GPS recolhidos no terreno foram depois transformados num ficheiro num formato que pode ser lido pelo Google Earth (kml ou kmz). Trata-se de pontos e linhas que localizam planícies, charcos, caminhos rurais, estradas e cursos de água, respetivamente.

Uma vez determinada a localização, interpretámos o ambiente direto da zona utilizando chaves de interpretação de imagem (forma do objeto, cor, textura, contraste, etc.). Para identificar os contornos de uma planície, por exemplo, digitalizámos os contornos do objeto utilizando as ferramentas adequadas.

Os caminhos e estradas rurais foram igualmente digitalizados (através da adição de objectos) ou modificados de modo a respeitarem o itinerário oficial. A modificação foi aplicada a caminhos rurais com vários desvios. Trata-se de uma triangulação da informação entre os dados do osm, o diretório nacional de caminhos e estradas e a realidade no google earth.

Os dados digitalizados ou modificados foram depois processados em qgis e integrados na base de dados SIG, nomeadamente para as camadas de perímetro (planícies, lagoas) e de infra-estruturas (caminhos rurais e troços de estrada nacional). Os dados foram guardados em camadas de formato shp para utilização no qgis.

Para completar a triangulação das informações, voltámos ao terreno com os dados adquiridos a partir das imagens do Google Earth. Efectuámos uma verificação no terreno em certas zonas onde a interpretação necessitava de confirmação. Para o efeito, utilizámos a aplicação móvel qfield, que nos permitiu localizar, confirmar e corrigir as camadas no terreno.

Como parte das actividades geomáticas em curso no âmbito do projeto AgriFARM, utilizaremos o Google Earth Pro para corrigir (verificar) os dados de utilização da terra para os terroirs das aldeias como parte do desenvolvimento de sub-bacias hidrográficas. Uma análise diacrónica da ocupação e uso do solo (por exemplo, dinâmica de áreas construídas e culturas) também seria possível.

1.5.3.10 Codificação de dados

Para facilitar as consultas de dados (espaciais e de atributos), aplicámos um sistema de codificação que estava alinhado com o do Sistema de Monitorização Computadorizado (CMS) do projeto. Este alinhamento foi utilizado para harmonizar a utilização dos dados no âmbito do projeto.

A nível nacional, a codificação foi aplicada à divisão territorial da Guiné.

- 2 caracteres (nacional) GN
- 4 caracteres (região administrativa) GN01
- 6 caracteres (prefeitura) GN0101
- 8 caracteres (sub-prefeitura) GN010101

A codificação atual do SSI do projeto correspondente às zonas é a seguinte

- Ramo do projeto (primeira letra do nome do ramo seguida do número 10, por exemplo, L10 = ramo Labé)
- UTDE (corresponde à prefeitura), (primeira letra do nome do ramo seguida da sua classificação, por exemplo, L01 = Dalaba)
- Cu/cr (sub-prefeitura/comuna) (código UTDE seguido de dois algarismos, L0101 = comuna de Ditin na UTDE de Dalaba)

1.5.3.11 Integração de camadas na base de dados postgresql/postgis

Para este projeto, as camadas espaciais constituem a maior parte da base de dados. Foram criadas no software qgis, como explicado nas secções anteriores. Foram processadas e actualizadas no qgis.

A versão final das camadas foi exportada do qgis para o postgesql através do postgis. Para o efeito, foi seguido o seguinte procedimento.

- Menu "Layer" - adicionar uma camada - adicionar camadas postgis ;
- Clique na opção "Novo" e preencha o nome (agrifarm), o anfitrião (localhost) e a porta (5432);
- Introduza o nome de utilizador (postgres) e a palavra-passe (criada quando o postgresql foi instalado e utilizada para ligar ao servidor no pgadmin). Pode guardar a palavra-passe marcando armazenar ou guardar.
- Teste a ligação (será apresentado temporariamente um alerta de sucesso na parte superior da caixa de diálogo);

- Confirmar com ok

Uma vez estabelecida a ligação com êxito, acedemos à base de dados a partir do menu "Base de dados" e, em seguida, do gestor da base de dados. Este acesso permite aceder ao gestor da base de dados e, em seguida, à lista de fornecedores de dados (Postgis). Com o Postgis, todas as bases de dados ligadas são apresentadas juntamente com as tabelas do esquema público.

Como todas as camadas do projeto foram guardadas num diretório local na máquina, as camadas foram importadas individualmente. Em particular, o campo ID foi designado como chave primária para cada camada. Outras opções foram selecionadas, tais como o campo geom (geometria), sistemas de coordenadas de referência (SCR) e codificação (UTF8).

As camadas importadas foram armazenadas no esquema "public" da base de dados "agrifarm".

Uma vez importadas as camadas, o pgadmin foi iniciado com uma ligação ao servidor. Verificámos que a base de dados "agrifarm" tinha sido actualizada.

De acordo com o modelo concetual de dados deste projeto, todas as camadas estão ligadas de forma a garantir a funcionalidade da base de dados (consulta). Para o efeito, foram utilizados campos que desempenham o papel de chaves primárias e secundárias.

1.5.3.12 Servidor de mapas (geoserver)

Para publicar os dados, utilizámos o servidor de mapas Geoserver. O Geoserver tornou-se a implementação de referência da OGC (software modelo) para a distribuição de dados de acordo com as normas WFS e WCS (serviço Web para dados vectoriais e raster, respetivamente) e continua a ser um dos melhores pacotes de software para a distribuição de mapas (montagem de camadas estilizadas) em WMS. (V. BESAND, L. ECAULT, 2020)

Além disso, é compatível com postgis e permite a visualização de camadas geográficas em forma de imagem, com a possibilidade de definir estilos em formato SLD. Com o WFS, os dados geográficos podem também ser visualizados sob a forma de vetor, fornecendo a funcionalidade de consulta e modificação da simbologia e da rotulagem. A modificação da simbologia e da rotulagem baseia-se na análise temática efectuada sobre cada dado no QGIS.

- **Aquisição e instalação do geoserver**

Em http://geoserver.org/download/, a versão 2.13.2 (estável) da aplicação foi descarregada e instalada localmente (localhost) na porta 8080. Foi criada uma conta de administrador e uma palavra-passe para acesso. No final da instalação, foi efectuado um teste num browser com o url http://localhost:8080/geoserver/.

A sequência de passos no geoserver é a seguinte:

- Criação de um espaço de trabalho denominado agrifarm ;
- Criação de novos armazéns (ligação com a base de dados postgis) ;
- Adição de novas camadas a partir da base de dados postgis (agrifarm) ;
- Modificação do estilo das camadas (ficheiro SLD gerado no qgis) ;
- Montagem de camadas para publicação.

A utilização do servidor de mapas foi interrompida após a primeira tentativa de instalação e utilização do geoserver com a equipa de desenvolvimento da plataforma Web. Esta deparou-se com dificuldades técnicas no seu servidor. De comum acordo, decidimos adotar um segundo método, tendo em conta os condicionalismos financeiros, temporais e técnicos (de desenvolvimento).

A etapa seguinte consistiu em transferir para eles as camadas geográficas geradas na base de dados postgis. Note-se que as camadas em causa são as selecionadas pelos coordenadores do projeto. Após consulta da equipa do projeto, foi decidido alinhar esta primeira publicação com a estratégia de comunicação de informação pública do projeto. O conteúdo de toda a base de dados postgresql não será publicado. Será publicado progressivamente para apoiar o conteúdo das publicações no sítio Web do projeto, no pressuposto de que este geoportal será uma página inteira do sítio Web do projeto.

1.5.3.13 Tema cartográfico do projeto

Dependendo do tema, a análise geoespacial é uma ferramenta essencial para a utilização dos dados IMS na produção de mapas. A escolha dos temas baseia-se nos indicadores do projeto e, sobretudo, na informação a divulgar internamente ou ao público. O procedimento de produção de mapas é alinhado com o código de zona e os indicadores do projeto, organizado tematicamente e materializado tecnicamente como um projeto cartográfico.

A publicação da informação do projeto AgriFARM através da cartografia segue quatro eixos:

- programação das actividades do projeto: domínio de intervenção, faseamento, financiamento, infra-estruturas, ...
- acompanhamento das actividades do projeto: situação de partida, levantamento periódico das actividades previstas pela UTDE, modelização da dinâmica do projeto;
- relatórios de atividade (trimestrais e anuais).

Em 2020, foi dada prioridade à programação das actividades. Isto conduziu ao mapeamento de todas as zonas de intervenção, actividades previstas, infra-estruturas, financiamento e faseamento do projeto. Nesta base, o mapeamento dinâmico através do geoportal SIG está alinhado com o progresso do projeto e a política de publicação de informações para o público em geral. Isto conduz a um processo de seleção da informação a publicar via web (público em geral).

O quadro seguinte apresenta uma lista indicativa das camadas de mapas na base de dados SIG do projeto.

Quadro 1: Resumo dos dados cartografados para o projeto

Temas	Domínio	Capa	Nome da camada	Descrição
dados cartográficos de base	administrativo	nacional	gn_contorno	Fronteira da Guiné
	topografia	nacional	gn_DTM	Imagem SRTM da Guiné
	topografia	nacional	gn_srtm_34_10	Imagem SRTM da parte média e superior da Guiné
	administrativo	nacional	gn_capital	Capital Conacri
	administrativo	nacional	gn_radmin_limit	Limites das regiões administrativas
	transporte	nacional	gn_rout_network	Rede rodoviária nacional
	administrativo	nacional	gn_rnatu_limit	Limites de regiões naturais
	transporte	regional	gn_rout_prin	Rede rodoviária nacional
	transporte	regional	gn_rout_second	Rede rodoviária nacional secundária
	administrativo	nacional	gn_subref_location	Localidade principal da sub-prefeitura (comunas urbanas/rurais)
	administrativo	nacional	gn_subref_limit	Limites das subprefeituras
	administrativo	nacional	gn_village_usaid	Aldeia na Guiné (fonte: usaid)
	topografia	nacional	gn_elevação	Elevação em m
	área protegida	nacional	gn_for_class	Florestas classificadas, parques nacionais, reservas, etc.
	hidrografia	nacional	gn_hidro	Rede hidrográfica nacional
	topografia	regional	gn_mg_courb_level	Contorno (zona média da Guiné)
	hidrografia	nacional	gn_oceano	Fronteira da Guiné (Oceano Atlântico)

	administrativo	nacional	gn_country_limit	País que faz fronteira com a Guiné
	administrativo	nacional	gn_pref_location	Capitais de prefeituras (cidades)
	administrativo	nacional	gn_pref_limit	Limite da prefeitura
dados do projeto AgriFARM	bacia hidrográfica	regional	gn_prj_bv_zon	Bacia hidrográfica a desenvolver
	bacia hidrográfica	regional	gn_prj_bv_pts	
	projeto do município alvo	regional	gn_prj_com	Limites dos municípios (urbanos e rurais) abrangidos pelo projeto
	comunas limítrofes do projeto-alvo	regional	gn_prj_com_all	Fronteiras municipais e intermunicipais
			gn_prj_com_all_limit	
	projeto do município alvo	regional	gn_prj_cr_intercom	
	financiamento de projectos	nacional	gn_prj_financ	Repartição dos fornecedores de fundos por município
	Infra-estruturas a reabilitar	regional	gn_prj_infrst_march	Sítios de mercado a construir
	Infra-estruturas a reabilitar	regional	gn_prj_infrst_tracks	Caminhos rurais e troços de estradas nacionais a modernizar
	uso do solo	nacional	gn_prj_luse_resid	Área construída da zona do projeto
	Bacia de produção	regional	gn_prj_perim	Zonas de planície, lagoa a desenvolver
		regional	gn_prj_perim_poly	Borda da planície, lagoa a ser desenvolvida
	faseamento	regional	gn_prj_phasag	Faseamento anual do projeto por município
	aldeia afetada pelo projeto	regional	gn_prj_villag_trail	Aldeias atravessadas por caminhos rurais e infra-estruturas rodoviárias nacionais

	localização da zona do projeto	regional	gn_prj_places_resid	Aldeias e aldeias em toda a área do projeto
	Situação das infra-estruturas dos caminhos rurais e troços de estrada nacional	regional	gn_prj_situ_pistes	Início e fim dos caminhos rurais e estradas nacionais a reabilitar
	uma localidade melhorada	regional	gn_prj_villag_pistes	Aldeias e aldeias atravessadas por caminhos ou troços de estradas nacionais
	sede do projeto	regional	gn_ucp_antena	Representações (gabinetes) do projeto AgriFARM em todo o país
	projeto-alvo da prefeitura	regional	gn_prj_UTDE	Limites das unidades territoriais de desenvolvimento económico (prefeitura)
	projeto da região-alvo	regional	gn_prj_zon_inter	Zona do projeto (Alta e Média Guiné)

Seleção dos dados a publicar

A criação de uma cartografia dinâmica através de um geoportal exige uma fase de seleção da informação a publicar. Isto é importante para um projeto com um número ilimitado de futuros utilizadores.

A publicação dos dados do projeto é regida por procedimentos regulamentares em conformidade com as políticas do doador e do Governo guineense através do Ministério da Agricultura. Em função das prioridades actuais, os dados são selecionados pela unidade de acompanhamento e avaliação sob a supervisão do coordenador do projeto.

As camadas selecionadas foram preparadas no QGIS. Para o efeito, as camadas foram racionalizadas, mantendo apenas os atributos prioritários para publicação. Em seguida, foram enviadas para a equipa de desenvolvimento num ficheiro simples em formato shp.

1. **Criação da plataforma web**

A criação de um portal geomático é um processo composto por dois grandes aspectos complementares: os dados geográficos ou espaciais e o desenvolvimento web. A vertente de dados geográficos deste projeto engloba todo o processo, desde a aquisição dos dados até à colocação da base de dados SIG à disposição do programador.

Trata-se da parte SIG de um geoportal que nos coube implementar. Para a conceção e o desenvolvimento da aplicação web, recorremos aos serviços de um especialista.

A conselho de um antigo aluno da turma de 2019 do Master GAGER, contactámos uma start-up local especializada em desenvolvimento Web. A empresa é o Centre de Développement Informatique Guinée (CDI Guinée), com sede em T5, Commune de Ratoma, Conakry, Guiné.

Em termos de viabilidade, analisámos as entrevistas com os utilizadores (a equipa de projeto), que revelaram necessidades relacionadas com a visualização, navegação, pesquisa, posicionamento e medição de distâncias e superfícies. No que respeita aos dados, foram citados o openstreetmap e as imagens de satélite como mapas de fundo, para além dos dados nacionais.

Por último, o coordenador do projeto concentrou-se no conteúdo da informação a publicar, que teve de passar por um processo de seleção e validação. Foi nesta base que foi elaborado um caderno de encargos.

1.5.3.14 Especificações de projeto para geoportail

Para a conceção deste geoportal, foi elaborada uma especificação que foi discutida com a equipa de desenvolvimento. Serviu de base de discussão e de referência durante todo o processo de desenvolvimento.

O orçamento foi elaborado nesta base, o que levou a discussões sobre o valor financeiro do serviço de desenvolvimento. Tendo em conta as implicações financeiras, as discussões sobre o conteúdo do caderno de encargos permitiram-nos chegar a um acordo de colaboração para o desenvolvimento do geoportal.

Como o geoportal está aberto a modificações, chegámos a acordo sobre os principais pontos das especificações que estão diretamente relacionados com as expectativas da cartografia interactiva. Estes pontos são apresentados no documento de especificações no Apêndice 2. A nível técnico, foi elaborada uma maquete com uma descrição pormenorizada do seu conteúdo. Além disso, os cenários de navegação no geoportal foram descritos sob a forma de um algoritmo.

- **Modelo de geoportal**

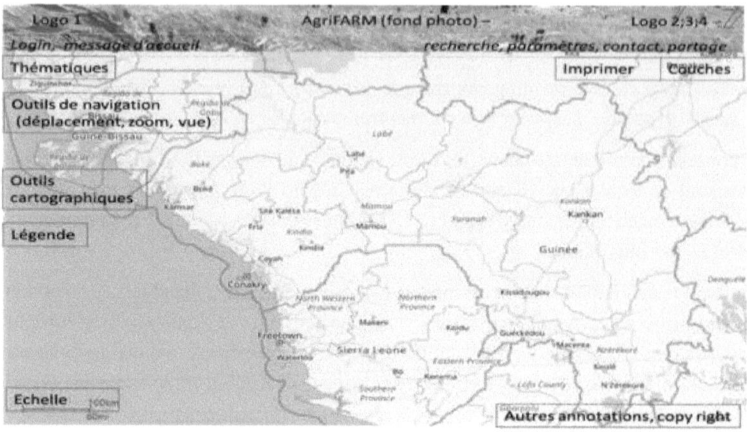

Figura 3: Modelo do Geoportal

Descrição do modelo

1. Bandeira
- Fundo fotográfico
- Logótipos (5 possíveis, da esquerda para a direita)
- Anotações diferentes
- Iniciar sessão, Contacto, Página inicial,
2. Área de visualização do mapa (fundo OSM com área de visualização centrada no contorno da Guiné)
3. Para a esquerda
- Ferramentas de navegação
- Norte geográfico (elemento do mapa)
- Escala (elemento do mapa)
- Ferramentas cartográficas (pesquisa espacial, posicionamento e medição de distâncias e áreas)
- Legenda (elemento do mapa), janela móvel se possível

5. Para a direita
   - Zona de controlo de camadas (visualização ou seleção)
   - Ferramenta de impressão
6. Parte inferior do ecrã (orientação horizontal)
   - Outras anotações relativas à conceção e aos direitos de autor (por exemplo, SIG-AgriFARM 2020 no direito de autor)

São também fornecidos painéis deslizantes para dar espaço à cartografia. Como o mapa de fundo é composto por imagens, a transparência das camadas, especialmente as que contêm objectos poligonais, pode ser ajustada no back office, assim como a opção de fechar todas as janelas, independentemente do seu tamanho.

- ***Cenário de navegação do geoportal***

A interação entre os actores (utilizadores) e o sistema assume a forma da função de navegação. O acesso à Internet é um pré-requisito para as seguintes acções no geoportal.

- O utilizador liga-se à Internet e introduz o endereço do geoportal num browser
- O geoportal carrega e apresenta o seu conteúdo (home)
- O utilizador clica no painel de controlo de camadas
- A lista de camadas é apresentada com um separador à frente de cada camada
- O utilizador seleciona, assinalando o separador da camada de destino
- O sistema apresenta o conteúdo gráfico da camada correspondente como uma imagem, um ponto, uma linha ou um polígono
- O utilizador anula a seleção de uma camada
- O sistema cancela a visualização do conteúdo da camada
- O utilizador seleciona a ferramenta zoom +, clica uma ou mais vezes
- O sistema aumenta o zoom de acordo com o número de cliques na ferramenta
- O utilizador seleciona a ferramenta de zoom - e depois clica uma ou mais vezes
- O sistema reduz o zoom de acordo com o número de cliques na ferramenta
- O utilizador seleciona a ferramenta de deslocação
- O sistema desloca a ferramenta a partir do ponto de clique
- O utilizador seleciona a ferramenta Mover e clica num objeto da camada
- O sistema exibe os atributos do objeto selecionado
- O utilizador seleciona a ferramenta de medição e, em seguida, clica num ponto
- O sistema apresenta as coordenadas geográficas de latitude/longitude
- O utilizador clica num ponto com a ferramenta de medição e depois passa para um segundo ponto
- O sistema apresenta as coordenadas dos dois pontos e a distância entre eles
- O utilizador seleciona a ferramenta de pesquisa, introduz o nome de um local
- O sistema apresenta e aproxima a localização.

1.5.3.15 Arquitetura do geoportal

Na secção de desenvolvimento, o CDI Guinée propôs a arquitetura multi-camadas para a infraestrutura do geoportal. Esta arquitetura é apresentada nas figuras seguintes.

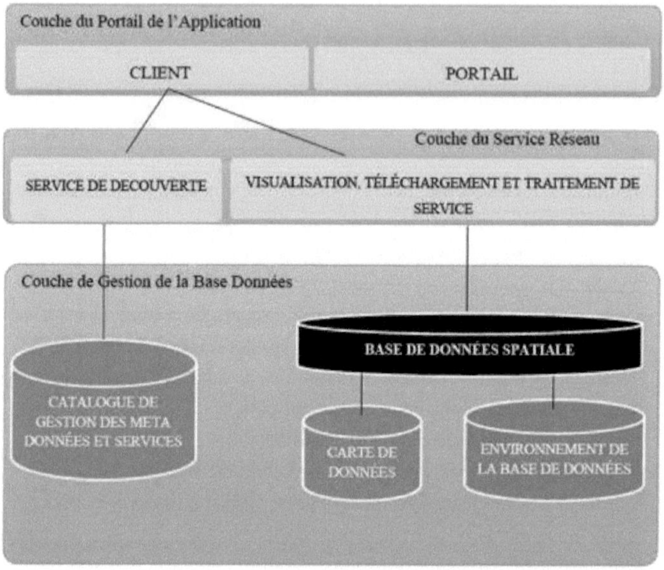

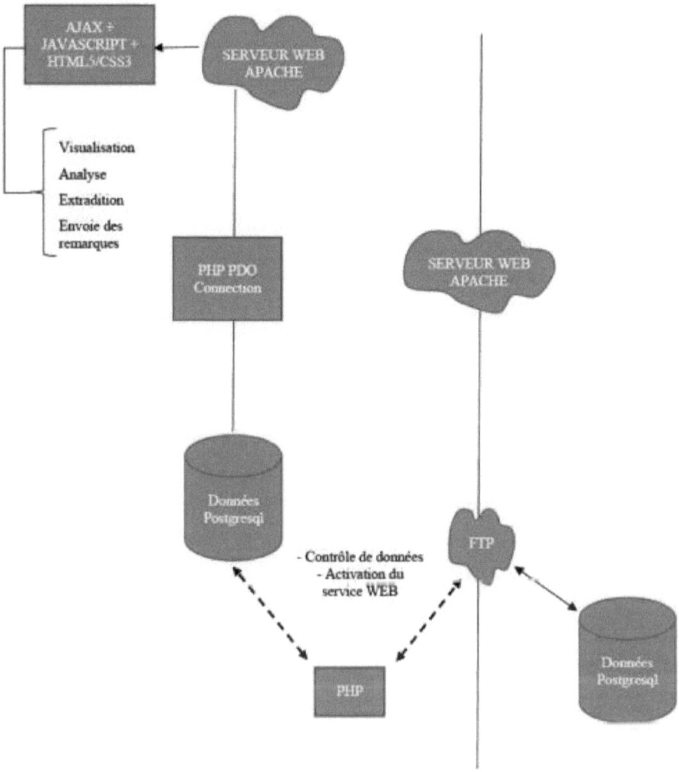

Figura 4: arquitetura do geoportal

1.5.3.16 Interação com a equipa de desenvolvimento

Durante todo o processo de desenvolvimento do geoportal, interagimos com a equipa. Demos a nossa opinião sobre as várias escolhas de design e garantimos que o conteúdo das especificações era respeitado. E quando surgiram dificuldades, trabalhámos em conjunto para encontrar soluções que permitissem fazer avançar o trabalho.

Do ponto de vista técnico, fornecemos todos os dados a publicar. A simbologia foi trabalhada no QGIS em função dos temas e os códigos de cores (hexadecimais) foram partilhados com a equipa de desenvolvimento.

Após a conceção do primeiro esboço do protótipo, realizámos um teste de funcionalidade. Este teste continuou durante o processo de adição de ferramentas e dados. Este processo foi concluído com a partilha dos resultados com a equipa do projeto para aconselhamento e recomendações. Por fim, as recomendações foram tidas em conta antes da entrega do geoportal.

Em conclusão, este capítulo fornece um quadro de apresentação do estudo, ou seja, o projeto AgriFARM e a zona de intervenção. O conhecimento desta zona orienta a recolha de dados através da modelização espacial das regiões da Alta e Média Guiné. Os dados a recolher são assim conhecidos e as suas caraterísticas são definidas pelo dicionário de dados elaborado na sequência da MCD.

Desde a aquisição de dados no terreno até à sua disponibilização para distribuição na Web, foi explicado todo o procedimento, bem como as várias ferramentas e equipamentos envolvidos. Estes vão desde o simples recetor GPS Garmin até ao servidor de mapas Geoserver, sem esquecer o software SIG (QGIS), o MCD e a base de dados postgresql. As plataformas Google Earth, OSM e SRTM foram igualmente úteis para a aquisição de dados, nomeadamente a partir de imagens de satélite. Note-se que o repositório cartográfico do projeto foi criado a partir da base de dados OSM.

Finalmente, neste capítulo, a ideia de um geoportal foi traduzida numa maquete, juntamente com um conjunto de especificações que serviram de base para a discussão com a equipa de desenvolvimento web contratada para o projeto do geoportal. Os resultados da aplicação desta metodologia e das suas várias ferramentas são apresentados no capítulo seguinte.

RESULTADOS, AVALIAÇÕES E DEBATES

Aplicando a metodologia desenvolvida no capítulo anterior, é possível obter os resultados que contribuem para alcançar o objetivo geral definido para este estudo. Os resultados relacionados com os três objectivos específicos e a sua discussão são apresentados neste capítulo. Apresenta o mapeamento das actividades do projeto, a base de dados SIG e o próprio geoportal.

Por último, o capítulo apresenta uma discussão dos resultados obtidos, bem como recomendações e perspectivas para o estudo.

1.6 Mapeamento das actividades previstas pelo projeto na Alta e Média Guiné

Para um projeto SIG aplicado a qualquer domínio, a geolocalização é uma ação fundamental para alimentar a base de dados espaciais em apoio de indicadores ou caraterísticas específicas desse domínio. Como tal, serve de ferramenta básica para a disseminação da informação geográfica através de cartografia estática ou dinâmica (interactiva).

1.6.1 Modelo concetual de dados

A geolocalização foi realizada na sequência da modelização do projeto, cujo resultado é um Modelo Conceptual de Dados (MDD). Este MDL tem em conta todas as dimensões do projeto AgriFARM ao longo da sua vida. Foi concebido para ser dinâmico. No total, foram criadas e ligadas 38 entidades, de acordo com o método MERISE e a abordagem do projeto. Para facilitar a leitura do MCD, escrevemos uma nota que explica as abreviaturas da nomenclatura das entidades e dos campos (quadro 2 e figura 4).

Quadro 2: extrato do dicionário de dados

Tabelas	Tipo de geometria	Nome_do_campo	Descrição	Tipo	Tamanho
apoiantes_fundo		Id	Identificador do dador	INT_AUTO_INCREMENTO	
		nome	nome do locador (acrónimo)	VARCHAR	
		classificação	posição do locador no financiamento	INTEGER	

bacia de produção	ponto/polígono	Id_bp	identificador da zona de produção	INT_AUTO_INCREMENTO	
		nome	nome da bacia de produção	VARCHAR	30
		categoria	categoria da bacia de produção	VARCHAR	30
		plano_sup	superfície planeada ou alvo	DUPLO	5
		nbr_chp_school	número de campos quinta escola	INTEGER	
		benefício	número de beneficiários	INTEGER	
		benefício_F	número de mulheres beneficiárias	INTEGER	
		benef_J	número de jovens beneficiários	INTEGER	
		etat_ref	estatuto de referência dos beneficiários	VARCHAR	100
		acto_de_exploração	área atualmente em funcionamento	INTEGER	
		principal_especulação	principais especulações	VARCHAR	100
sub-bacia	ponto/polígono	Id_bv	identificador da sub-bacia	INT_AUTO_INCREMENTO	
		nome	nome da sub-bacia	VARCHAR	50
		plano_sup	superfície total a desenvolver	INTEGER	
		sup_foret	área de floresta a ser gerida	INTEGER	
		sup_tapade	área de tapada a desenvolver	INTEGER	

		sup_plantação	superfície de plantação a criar	INTEGER	
		benef_agrof	número de beneficiários agro-florestais	INTEGER	
		benef_women	número de beneficiários (mulheres) em agroflorestação	INTEGER	
		benef_jeunes	número de beneficiários (jovens) em agroflorestação	INTEGER	
município_alvo	polígono	Id_com	identificador da comuna	INT_AUTO_INCREMENTO	
		nome	nome oficial do município	VARCHAR	30
		pop	população segundo o último recenseamento	INTEGER	
		nbr_distr	número de distritos que compõem o município	INTEGER	
		nbre_villag_prj	número de aldeias abrangidas pelo projeto	INTEGER	
		nbr_benef	objetivo total de beneficiários	INTEGER	
		alvo_jovem	beneficiários-alvo jovens	INTEGER	
		mulher_alvo	beneficiários-alvo mulheres	INTEGER	
		nbr_perim	número de perímetros a desenvolver	INTEGER	
		nbr_março	número de mercados a construir	INTEGER	
		pist_rout	extensão linear das	INTEGER	

			vias rurais a reabilitar		
		empresa	número de empresas a criar	INTEGE R	
		nbr_chp_ecol	número planeado de escolas de campo para agricultores	INTEGE R	
		nbr_CVEP	número previsto de Comités de Manutenção de Vias de Aldeia	INTEGE R	
		sup_perim	área da bacia de produção a desenvolver	INTEGE R	
		sup_bv	superfície da bacia hidrográfica a desenvolver	INTEGE R	
		volume_credito_o ctroye	volume de crédito a conceder (empresas)	INTEGE R	

A figura seguinte mostra um extrato do modelo concetual de dados (MDD) concebido para a base de dados SIG do projeto AgriFARM.

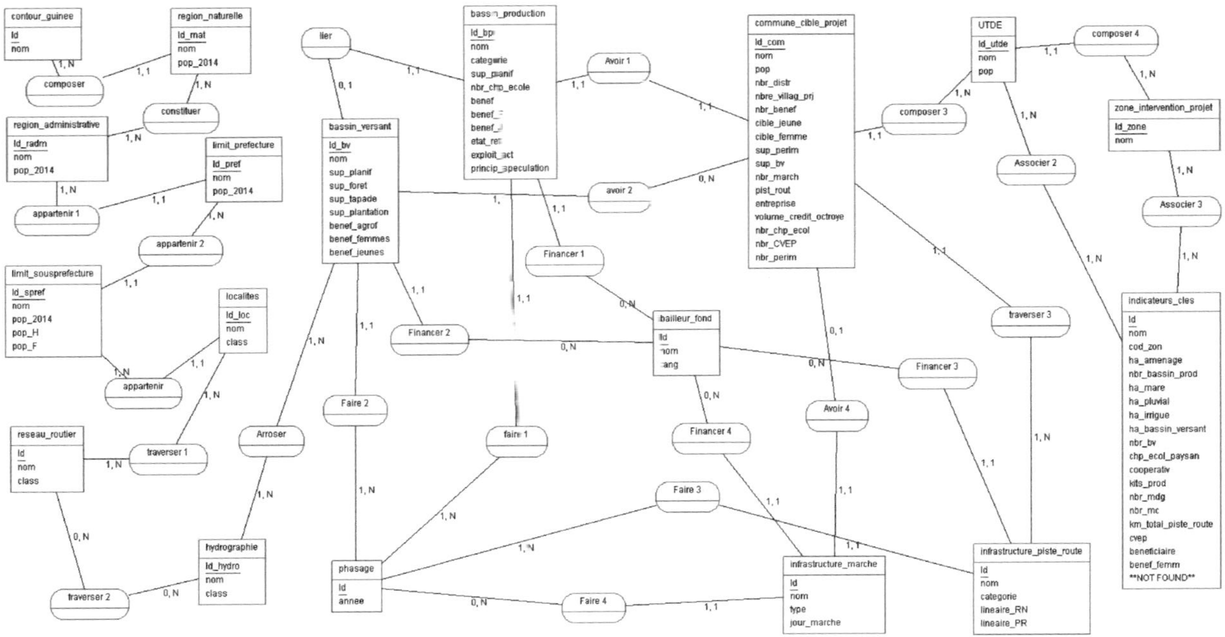

Figura 5: extrato do modelo concetual de dados (MDL)

Neste primeiro ano, dado o nível de avanço (faseamento) do projeto no terreno, a divulgação de informação está centrada na compreensão e apropriação do que está previsto para as comunidades beneficiárias. Este aspeto foi tido em conta na prossecução das actividades desta dissertação, nomeadamente a geolocalização das actividades. Assim, os dados de planeamento foram recolhidos, tratados e integrados numa base de dados SIG.

1.6.2 Resultados da georreferenciação

Para este projeto, elaborámos um programa de geolocalização das intervenções da AgriFARM com base na lógica e na abordagem territorial do relatório de conceção. Uma vez que a área de intervenção da AgriFARM é a Alta e Média Guiné, recolhemos dados cartográficos de base sobre a Guiné.

Estes dados permitiram um melhor alinhamento dos dados do projeto com a escala nacional, facilitando a leitura da situação geográfica das intervenções do projeto. De acordo com este objetivo, foram recolhidos os seguintes dados, organizados em camadas vectoriais e raster.

No total, foram produzidas 39 camadas vectoriais com diferentes objectos gráficos (ponto, linear e superfície). É de notar que alguns dados, tais como rasters e curvas de nível, não foram criados no MCD porque são utilizados para produzir outros dados. Como exemplo, a ilustração de algumas camadas da divisão administrativa da Guiné são apresentadas neste projeto qgis.

Figura 6: estratos da divisão administrativa (prefeituras e comunas) da Guiné

No que diz respeito à informação espacial a nível nacional, mapeámos a maior parte dos dados básicos da Guiné. Estes foram utilizados para obter dados sobre a área do projeto. Durante a fase de conceção de qualquer projeto, a divisão administrativa é utilizada como quadro de referência espacial.

No total, quatro (4) camadas representam a divisão administrativa da Guiné que, do macro ao micro, são respetivamente as regiões naturais ou agro-ecológicas, as regiões administrativas, as prefeituras, as sub-prefeituras (comunas). Cartograficamente, são representadas por objectos gráficos de superfície (que representam os limites) e são constituídas por 4 entidades (regiões naturais), 8 (regiões administrativas), 33 (prefeituras), 341 (subprefeituras) e uma entidade para a zona especial de Conacri.

Além disso, no caso das prefeituras e subprefeituras, as principais cidades são representadas como objectos gráficos pontuais, sendo o número de entidades proporcional ao número de polígonos (limites). A cartografia da rede rodoviária e hidrográfica completou os dados de base a nível nacional.

1.6.3 Dados cartográficos do projeto AgriFARM

1.6.3.1 Zona de intervenção

Com base na abordagem territorial do projeto definida na fase de conceção, a área de intervenção do projeto foi cartografada em duas grandes zonas (Alta e Média Guiné), tendo como referência a divisão administrativa e as prefeituras visadas. Cada uma das zonas (alta e média) foi subdividida em unidades territoriais de desenvolvimento económico (UTDE), cujos limites foram cartografados (15 entidades). Por fim, foram cartografadas 35 comunas-alvo (urbanas e rurais). Estas constituem a porta de entrada do projeto e a subdivisão das UTDE.

Para resumir a abordagem territorial do projeto na sua zona de intervenção, foram criadas três (3) camadas, representando respetivamente a zona de intervenção (Alta e Média Guiné), as UTDEs e as comunas alvo. Para localizar as intervenções que atravessam duas ou mais comunas, cartografámos todas as zonas intercomunais. Além disso, foram cartografadas todas as outras comunas da zona de intervenção do projeto, ou seja, uma camada de 151 entidades. A título de ilustração, a figura seguinte mostra o mapeamento das UDTEs e dos municípios visados pelo projeto.

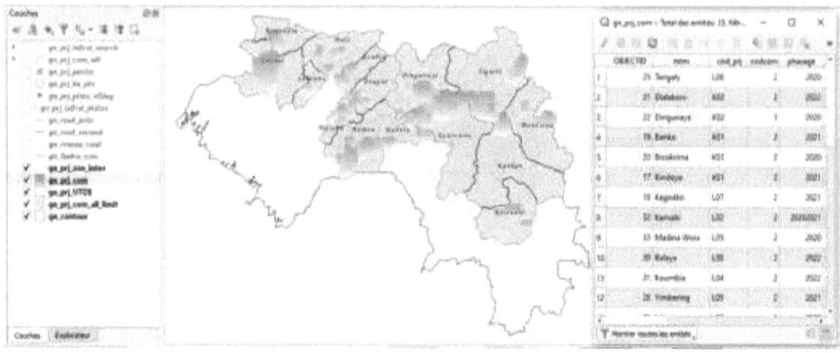

Figura 7: Camadas vectoriais da zona do projeto (Alta e Média Guiné, UTDE e comunas)

Em termos espaciais, a unidade territorial de desenvolvimento económico (UTDE) corresponde ao limite de uma prefeitura, como mostra a figura (prefeitura do Mali). É caracterizada por dados de atributos constituídos pelos indicadores-chave do projeto. Uma UTDE é representada nesta figura.

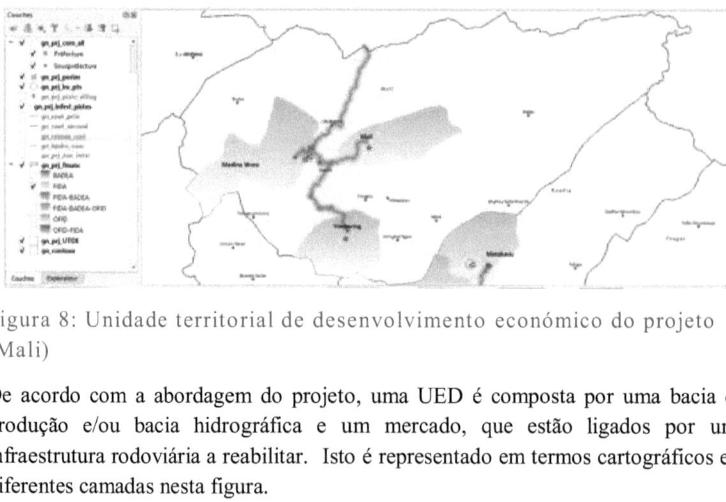

Figura 8: Unidade territorial de desenvolvimento económico do projeto (Mali)

De acordo com a abordagem do projeto, uma UED é composta por uma bacia de produção e/ou bacia hidrográfica e um mercado, que estão ligados por uma infraestrutura rodoviária a reabilitar. Isto é representado em termos cartográficos em diferentes camadas nesta figura.

No terreno, foram realizados trabalhos de cartografia das bacias de produção, das sub-bacias hidrográficas, das infra-estruturas de mercado, dos caminhos rurais e dos troços de estrada nacional. O planeamento do projeto baseia-se nestes elementos.

1.6.3.2 Produção e zonas de captação

Nas comunas visadas pelo projeto, existem bacias de produção constituídas por planícies ou lagos. Em torno de certas bacias de produção, foram identificadas e cartografadas sub-bacias hidrográficas, como mostra a figura abaixo. O mapeamento envolveu a criação de camadas de pontos e de vectores de superfície. Em função do objetivo, a camada vetorial pontual foi tida em conta para a representação destas bacias num mapa à escala do país (Guiné).

O número de bacias varia de acordo com a UTDE. Por exemplo, foram mapeadas 23 bacias de produção (22 planícies e 1 lagoa) e 23 sub-bacias hidrográficas. Duas camadas de vectores de pontos representam as bacias de produção e as sub-bacias hidrográficas. É de notar que as entidades nestas camadas foram todas caracterizadas por dados de atributos fornecidos pelo Sistema de Monitorização e Avaliação do projeto. São de natureza de planeamento (indicadores chave do projeto). Esta figura mostra o mapeamento das bacias de produção e das bacias hidrográficas em duas camadas.

Figura 9: camada vetorial para bacias de produção e zonas de captação

Foram também cartografadas as sub-bacias a desenvolver neste projeto no âmbito dos esforços ambientais de proteção das urbanizações de planície. Em última análise, esta delimitação ao longo da bacia hidrográfica é uma etapa importante do processo de planeamento. Facilita a tomada de decisões no caso dos municípios cujas bacias hidrográficas não foram identificadas durante a elaboração do projeto. É o caso da comuna rural de Kankalabé. A figura abaixo ilustra algumas das sub-bacias hidrográficas extraídas da imagem SRTM.

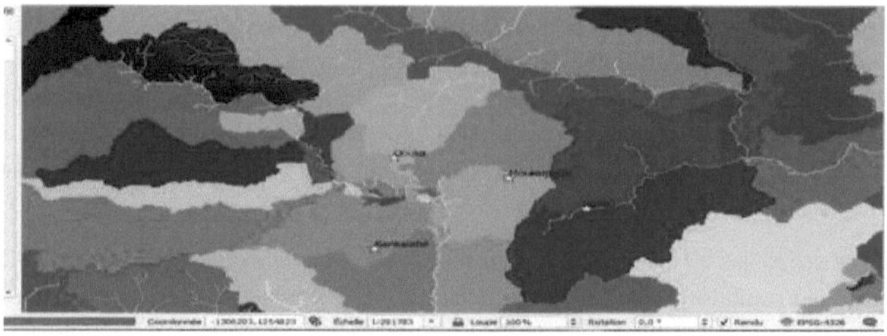

Figura 10: extração das sub-bacias hidrográficas da zona de Tougué (Kolou, Moukidjigué e Douka)

1.6.3.3 Infra-estruturas (mercados, caminhos rurais ou estradas nacionais)

As actividades de infra-estruturas previstas incluem a construção de mercados semi-grossistas (MDG) e de mercados de recolha (MC), bem como a reabilitação de caminhos rurais e de troços de estradas nacionais. Estes caminhos rurais e troços de estrada nacional estão a ser reabilitados para facilitar o acesso entre as zonas de produção (bassins de production) e os mercados. Entre as UTDEs, apenas Kankan e Mandiana não estão envolvidas no planeamento da reabilitação de caminhos rurais ou estradas nacionais.

No terreno, foram cartografados 23/24 caminhos rurais e troços de estradas nacionais. Para o efeito, foi criada uma camada vetorial linear, com dados de atributos retirados do planeamento. Estes incluem a localização da infraestrutura, ou seja, o ponto zero quilómetros (início ou pk0) e o ponto final, o nome, a categoria, o faseamento e o financiamento.

A segunda parte da infraestrutura diz respeito à construção de mercados (semi-grossistas, de recolha). Vinte e seis (26) locais de mercado foram mapeados nas UTDEs, ou seja, 21 mercados de recolha e 5 mercados semi-grossistas. Estes são representados como pontos numa camada vetorial, como mostra a figura.

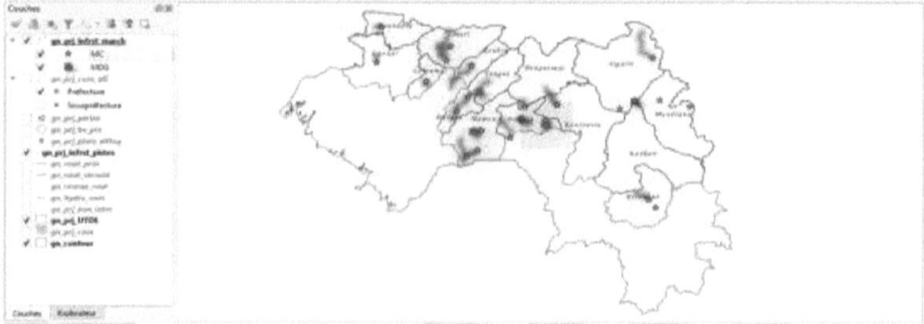

Figura 11: Cartografia dos sítios de infra-estruturas (mercado, caminhos rurais e troços de estrada nacional)

Além disso, foram recolhidos no terreno outros dados geográficos ao longo de cada caminho rural e troço de estrada nacional. Estes dados incluíam as aldeias atravessadas (diretamente abertas), pormenores da rede hidrográfica e curvas de nível.

Em relação às aldeias e cidades, mapeámos o centro e a área construída, fornecendo informações importantes para a localização das infra-estruturas. A figura seguinte ilustra as infra-estruturas a reabilitar no âmbito do planeamento do projeto.

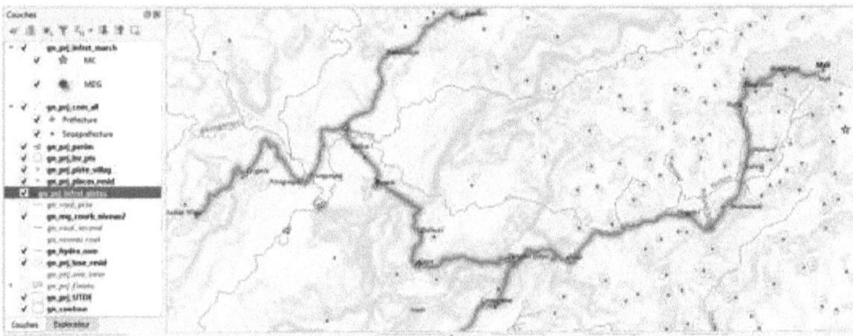

Figura 12: Cartografia do troço de estrada nacional (Mali - Madina woia)

Um total de 175 aldeias foram geo-referenciadas no que diz respeito às localidades atravessadas por todas as infra-estruturas rodoviárias a reabilitar pelo projeto. A localização espacial destas aldeias permite visualizar o planeamento da infraestrutura tal como descrito no DCP. Trata-se de um dado importante para a cartografia dos caminhos rurais e dos troços de estrada nacional.

Para cada caminho rural ou troço de estrada nacional, foram cartografados os pontos de início (pk0) e de fim que constituem a situação (itinerário) da infraestrutura. Os pontos das aldeias atravessadas foram organizados numa camada vetorial e depois caracterizados de forma a facilitar a aplicação de consultas em função da situação da infraestrutura. A figura seguinte ilustra a posição das 175 aldeias e das infra-estruturas rodoviárias que as atravessam.

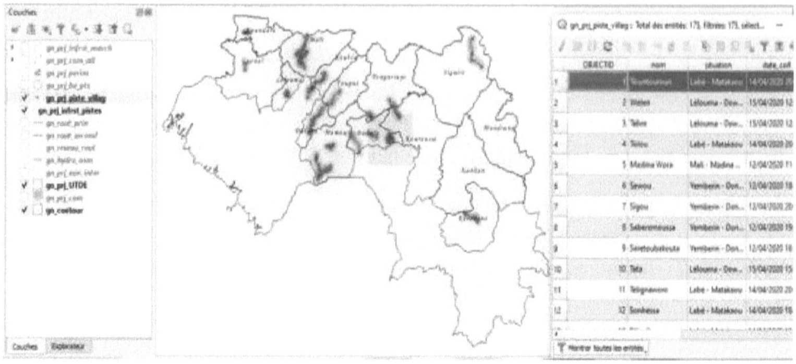

Figura 13: Aldeias atravessadas por infra-estruturas rodoviárias cuja reabilitação está prevista na Alta e Média Guiné

1.6.3.4 Financiamento e faseamento

Como estávamos no início do projeto, ilustrámos o financiamento e o faseamento do projeto cartografando as 35 comunas-alvo (DCP). Estes temas foram adicionados aos objectos de superfície na camada vetorial como dados de atributos. Para cada entidade (comuna), foram acrescentados dados para além do nome (o doador e o faseamento ou o ano de início da intervenção nessa comuna).

Para efeitos de simbologia nesta camada, o financiamento foi considerado como padrão, a fim de ilustrar os doadores por município. O projeto é financiado por três doadores, entre outros, que estão aqui representados de acordo com as actividades previstas para cada município.

Figura 14: Mapeamento do financiamento de projectos por município

1.6.3.5 Beneficiários do projeto

A distribuição geográfica dos beneficiários do projeto foi efectuada sobre as UTDE, resultando na criação de uma camada vetorial com um objeto de superfície. A distribuição por género (mulheres, jovens) foi tida em conta nos dados de atributos.

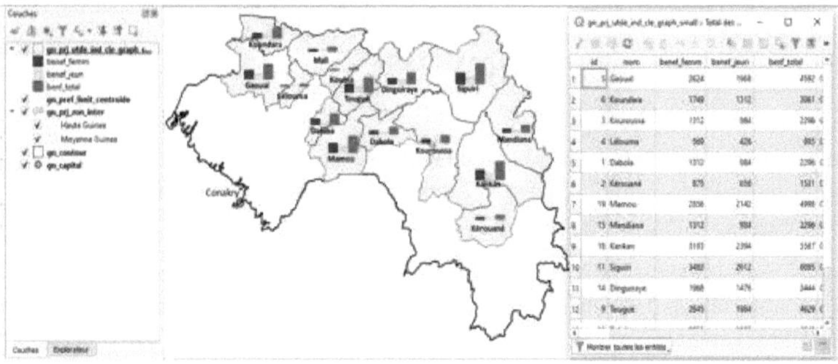

Figura 15: Mapeamento dos beneficiários do projeto por EDTU

1.6.3.6 Dados topográficos

Entre os dados topográficos, as curvas de nível para toda a área do projeto foram adquiridas em objectos lineares separados por 10 m. Os seus dados de atributos são pontos cotados expressos em metros. São utilizadas nomeadamente nas bacias de produção e nos taludes. A figura seguinte apresenta os dados topográficos das zonas de estudo de Fatako, Tangaly e Koin na UTDE de Tougué.

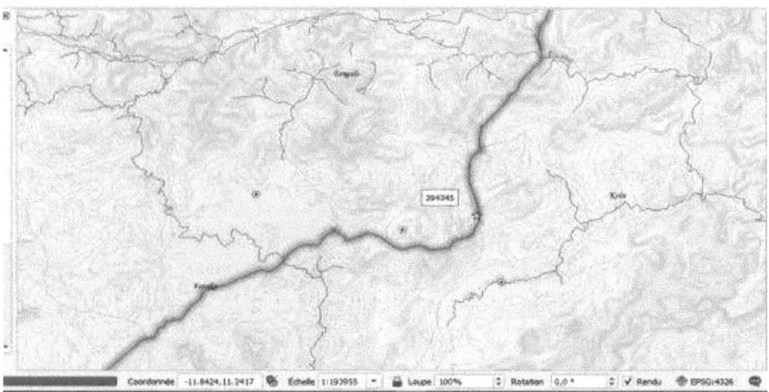

Figura 16: curvas de nível extraídas de uma imagem srtm da zona de Tougué

A rede hidrográfica do país foi cartografada a partir dos grandes cursos de água (rios). Os cursos de água mais pequenos, como os marigots, foram identificados e digitalizados se atravessarem uma infraestrutura a reabilitar.

Os pormenores da rede hidrográfica foram tidos em conta nas bacias de produção e nas bacias hidrográficas. Eles são utilizados na elaboração dos mapas destas bacias. Por conseguinte, concentrámo-nos nos principais cursos de água, necessários para uma compreensão clara do planeamento do projeto (divulgação da informação em toda a Guiné).

1.6.3.7 Outros dados

Os gabinetes do projeto (1 Unidade de Coordenação e Gestão, 2 gabinetes regionais) foram georreferenciados em Mamou, Kankan e Labé, respetivamente. Está disponível uma camada vetorial de pontos com dados de atributos, tais como endereço e contacto.

Todos estes dados espaciais do projeto são organizados sob a forma de camadas vectoriais e integrados numa base de dados SIG. Esta base de dados é apresentada no capítulo seguinte.

Durante o trabalho de campo, recolhemos fotografias georreferenciadas. Estas foram utilizadas para estabelecer o estado de referência dos vários locais e infra-estruturas de caminhos rurais e troços de estrada nacional. Uma série de fotografias de campo é apresentada no Anexo 1.

1.7 Base de dados GIS

Após o tratamento dos dados recolhidos no terreno, procedeu-se à sua integração na base de dados SIG criada para o efeito. Como indicado na metodologia, as tabelas foram trabalhadas no QGIS e depois exportadas para a base de dados postgresql através do postgis.

1.7.1 Apresentação da base de dados SIG

A base de dados SIG chama-se "agrifarm" e é composta por 39 tabelas que se relacionam entre si, tal como indicado no MCD. Note-se que todas as tabelas ligadas ao planeamento do projeto e apresentadas acima estão integradas nesta base de dados. A representatividade espacial é assegurada por objectos gráficos pontuais, lineares e de superfície.

Os outros 9 quadros estão diretamente ligados aos indicadores de atividade não iniciados pelo projeto. Permanecem, de momento, sem entidades. A figura abaixo mostra a base de dados com uma visualização da tabela das Unidades Territoriais de Desenvolvimento Económico (UTDE) do projeto.

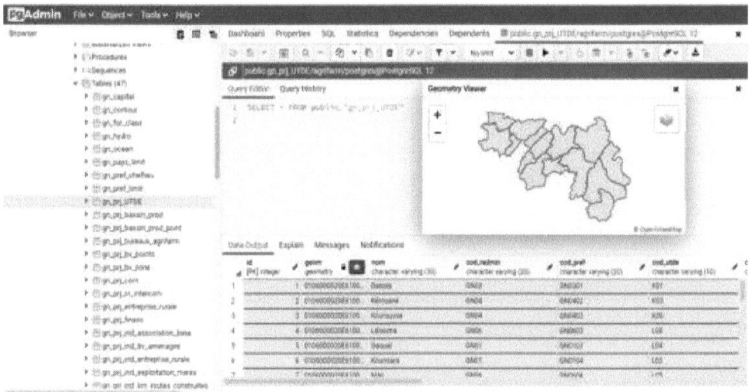

Figura 17: visualização da tabela Unidades Territoriais de Desenvolvimento Económico (UTDE) na base de dados postgresql

Os dados ligados aos indicadores serão recolhidos e integrados na base de dados à medida que as actividades no terreno forem sendo realizadas. No que diz respeito aos dados nacionais e aos dados dos projectos em particular, fizemos uma seleção de acordo com as prioridades de comunicação. Estas camadas selecionadas foram utilizadas na produção de mapas estáticos e também divulgadas através do geoportal (cartografia interactiva).

3.2.2 Seleção de dados para publicação

Os dados a publicar neste geoportal dividem-se em duas categorias, tendo em conta os aspectos espaciais e temáticos. A primeira categoria é constituída essencialmente por dados geográficos de base da Guiné (cobertura nacional) e a segunda por dados diretamente ligados ao projeto AgriFARM.

Em função do estado de adiantamento do projeto e da estratégia de comunicação, os dados a publicar são selecionados pela unidade de acompanhamento e avaliação e pelo coordenador do projeto. O quadro seguinte mostra as camadas selecionadas para publicação, por tema.

Quadro 3: Lista dos temas a publicar no geoportail

Temas	Categoria	Capa
Administrativo	País limite	Nacional
Administrativo	Divisão agro-ecológica (região natural)	Nacional

Administrativo	Divisão administrativa (região administrativa, prefeitura, subprefeitura, comuna urbana/rural), distrito, aldeia	Nacional
Transporte	Rede rodoviária (estradas, caminhos rurais)	Nacional
Hidrografia	Cursos de água	Nacional
Planeamento	Área do projeto	Regional
Planeamento	Unidades Territoriais de Desenvolvimento Económico (UTDE)	Prefectorial
Planeamento	Municípios-alvo do projeto	Sub-prefectorial/comunal
Planeamento	Financiamento do projeto	Comunitário
Planeamento	Beneficiários do projeto	Prefectorial
Planeamento	Sede e escritório do projeto	cidade
Planeamento	Bacias de produção	Liso/mare
Planeamento	Sub-bacias hidrográficas	Municipal ou intermunicipal
Planeamento	Construção de infra-estruturas (recolha e mercado semi-grossista)	Comunitário
Planeamento	Reabilitação de estradas nacionais e caminhos rurais	Intercomunalidade

Como mostra este quadro, 5 níveis representam a divisão administrativa da Guiné (por fronteiras e centro administrativo). Do ponto de vista dos limites, esta divisão é composta por cinco níveis (desde o contorno do país até às comunas rurais). Estes estratos têm cobertura nacional.

Os dados de planeamento do projeto são de nível regional. Reflectem a abordagem territorial do AgriFARM e são representados por dez (10) camadas. Os indicadores-chave do projeto estão integrados nestas camadas como dados de atributos. Em termos de dados de atributos, houve outra seleção de informações a divulgar ao público em geral, daí a escolha de campos para cada tabela.

De um ponto de vista de representação, preparámos um projeto com todas as camadas acima mencionadas no QGIS. Aplicámos uma simbologia e uma etiquetagem que nos permitiram ter uma primeira visualização (nomeadamente para a avaliação e a escolha das cores a transmitir em código à equipa de desenvolvimento).

A figura abaixo ilustra estes níveis.

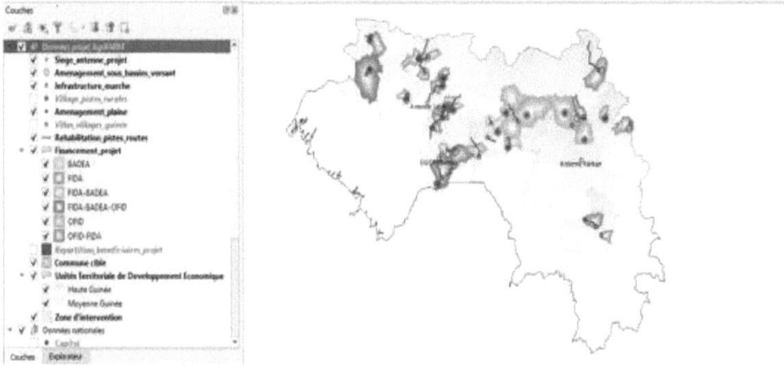

Figura 18: Projeto de camadas selecionadas para publicação

Esta figura mostra as camadas de dados do projeto AgriFARM selecionadas para publicação através do geoportal. Estas camadas referem-se principalmente ao planeamento do projeto.

O planeamento é aqui expresso em termos espaciais, através da localização da zona de intervenção a diferentes escalas em relação ao território nacional (contorno do país). É completado por informações relativas aos locais de desenvolvimento (bacia de produção e bacia hidrográfica), às infra-estruturas a reabilitar (caminhos rurais e troços de estrada nacional) e às infra-estruturas a construir (mercado).

Outras informações sobre a distribuição espacial dos beneficiários do projeto nas 15 UTDEs são tidas em conta, assim como o financiamento (doador). Os doadores são afectados ao nível da comuna.

A nível nacional, a informação publicada é essencialmente de natureza administrativa (fronteiras administrativas e divisões do país). No contexto deste projeto, as imagens de satélite e o OSM fornecerão muitas outras informações úteis sobre a localização. A figura abaixo dá uma visão geral da informação nacional a ser publicada com o projeto AgriFARM.

Figura 19: estratos da divisão administrativa da Guiné

As camadas selecionadas foram depois integradas num servidor de mapas para publicação. Para a simbologia e rotulagem, utilizámos o estilo de cada camada no projeto qgis acima mencionado. A figura seguinte ilustra duas camadas publicadas no geoserver.

Figura 20: vista das camadas da prefeitura e da hidrografia no geoserver

As dificuldades encontradas pela equipa de desenvolvimento em relação ao geoserver fizeram com que a publicação de todos os dados através do servidor de mapas fosse interrompida. Perante esta situação, de acordo com a equipa de desenvolvimento, transferimos a base de dados SIG a publicar. Como resultado, as camadas vectoriais em formato shp foram integradas no geoportal.

1.8 Apresentação do geoportal

O geoportal criado no âmbito da melhoria da difusão da informação centrada no planeamento do projeto AgriFARM tem o domínio geo-agrifarm.com com um código fonte aberto. Um extrato do código fonte é anexado a este documento (anexo 4).

O Geo-agrifarm pode ser acedido através de diferentes navegadores. Do ponto de vista da conceção, tem várias partes descritas a seguir.

1.8.1 Página inicial

Como o seu nome sugere, esta página apresenta o geoportal em todas as suas componentes. Assim que se inicia a sessão, os dados OSM são apresentados com um zoom na Guiné. Esta página contém o banner.

A faixa é o espaço dedicado à publicação do título do projeto, se for caso disso, e sobretudo dos logótipos. Existem dois tipos de logótipos, o do projeto AgriFARM atualmente em exibição e os dos parceiros, incluindo o governo guineense, o FIDA, o OFID e o BADEA.

Figura 21: Banner do Geoportal

1.8.2 Área privada

Está associado ao back office, cujo acesso continua a ser da responsabilidade do superutilizador. Funções como a criação de contas e de palavras-passe são aí executadas. No futuro, serão acrescentadas outras funções ao geoportal.

O geoportal continuará a evoluir e trabalharemos para permitir a criação de utilizadores que poderão acrescentar dados geográficos (vectores shp) que serão validados e autorizados para publicação pelo administrador.

1.8.3 Interface pública

Esta é a área dedicada aos utilizadores da Internet. Os utilizadores podem aceder à interface introduzindo o domínio www.geo-agrifarm.com em qualquer browser de uma máquina ligada à Internet. Assim, para este projeto, dado o objetivo de integração do site (acesso para o público em geral), existe apenas um grupo de utilizadores (visitantes). Estes têm acesso aos conteúdos do geoportal (mapa, imagem de satélite, planta) para visualização, navegação, pesquisa, levantamento e posicionamento, etc.).

Também estão disponíveis outras funções, como filtros e escalas digitais, como mostra o diagrama.

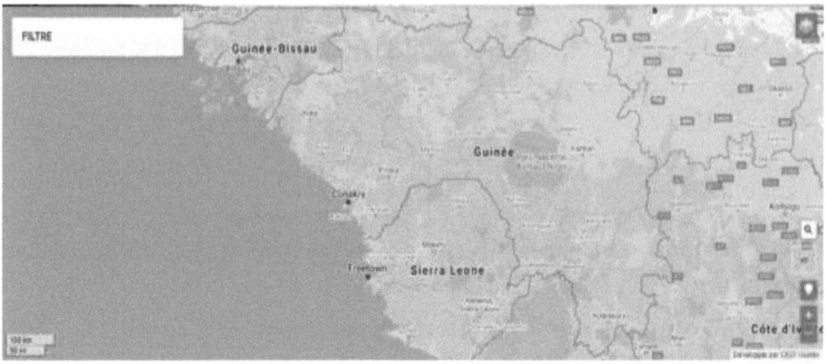

Figura 22: Interface pública do geoportal "geo-agrifarm

1.8.4 Ferramentas

A funcionalidade da interface baseia-se nas diferentes ferramentas utilizadas em resposta às expectativas dos utilizadores. Estas expectativas estão alinhadas com o princípio de funcionamento clássico da cartografia interactiva (visualização, navegação, pesquisa, posicionamento e levantamento topográfico).

a. Ecrã

As informações são agrupadas em camadas e organizadas num menu. A partir da lista, os utilizadores podem selecionar a camada ou camadas que pretendem visualizar. Note-se que, por defeito, apenas o mapa permanece ativo, como mostra este diagrama.

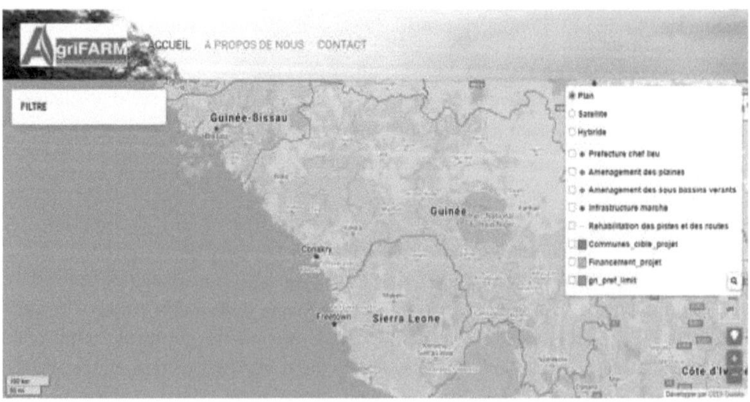

Figura 23: Visualização das opções de visualização da informação no geoportal

b. Navegação

Estas são as ferramentas de zoom (para dentro e para fora), de movimento e de apontamento. É de salientar que o utilizador pode utilizar o rato externo para executar as funções de zoom e pan.

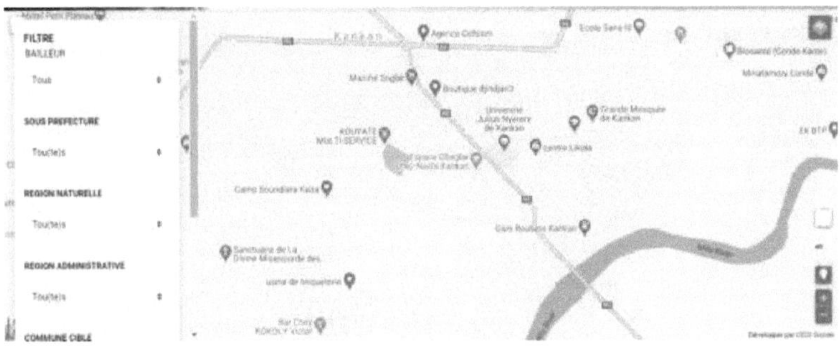

Figura 24: exemplo de um zoom na cidade de Kankan (osm)

O ponteiro também pode ser utilizado para apresentar dados de atributos de objectos gráficos através da dica de ferramenta.

c. Pesquisar

Pode ser localizado em todo o mapa (graças aos fundos Google e osm disponíveis na plataforma). Em certas camadas de projectos, programámos igualmente um sistema de ordenação para permitir uma pesquisa rápida de informações. A figura abaixo mostra uma ordenação das comunas financiadas pelo FIDA na camada project_funding.

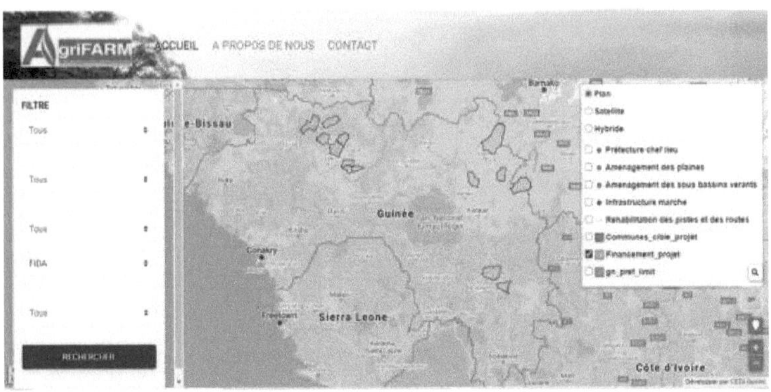

Figura 25: Resultados da pesquisa por ordenação das comunas financiadas pelo FIDA

d. Ferramenta de levantamento topográfico

Esta é uma ferramenta única com um ícone de régua. Apresenta as coordenadas geográficas (longitude/latitude) clicando numa posição no mapa. A partir de dois (2) pontos, mede a distância (em metros e quilómetros) e a área em três (3) pontos (em hectares e metros quadrados). A figura abaixo mostra como se utiliza a ferramenta de medição.

Figura 26: Resultado da medição da superfície do charco de Moukidjigué, tal como na zona rural de Fatako

1.8.4.1 Exibição de dados de atributos

Esta operação é possível graças à dica de ferramenta. Quando o ponteiro é colocado sobre um objeto gráfico na camada, a informação associada é apresentada numa pequena janela.

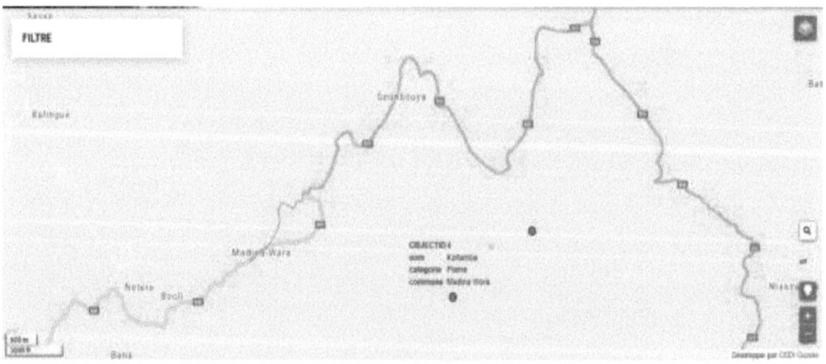

Figura 27: Ponta de ferramenta na planície de Koitamba, comuna de Madina Wora

1.8.4.2 Informações publicadas (visualização da camada temática)

As informações publicadas até à data nesta plataforma dizem respeito à base cartográfica e aos temas. Existem três (3) fundos cartográficos, ou seja, mapa (osm), imagem de satélite e híbrido. As figuras seguintes mostram cada um dos fundos cartográficos do geoportal.

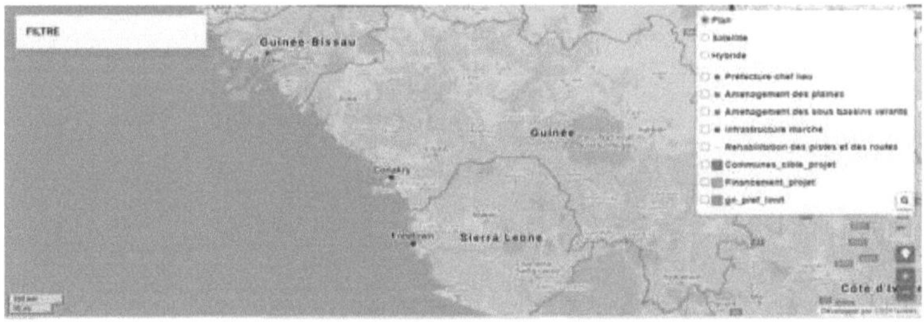

Figura 28: mapa baseado nos dados do osm (visão territorial da guiné)

As imagens de satélite (do Google) constituem o segundo fundo cartográfico desta plataforma. Está disponível em dois formatos (simples e híbrido). O mapa híbrido tem a vantagem de incorporar certas informações do mapa Google (nomes de localidades, principais pontos de referência, etc.). A visualização do uso do solo é muito prática na imagem de satélite e permite a localização precisa de informações sobre os locais do projeto. A figura seguinte mostra uma vista da Guiné sobre a imagem híbrida.

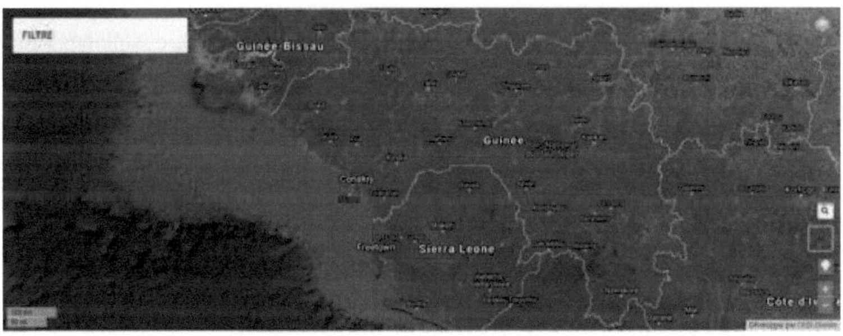

Figura 29: Exemplo de uma imagem de satélite híbrida, Guiné

Nos temas, a divisão administrativa da Guiné está representada na figura abaixo (limites das prefeituras). Ao ativar a camada gn_pref_limit, as 33 prefeituras da Guiné são apresentadas no mapa.

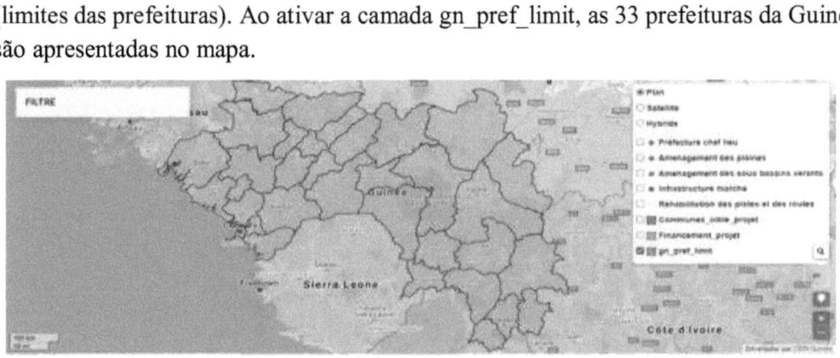

Figura 30: Apresentação da repartição administrativa a nível da prefeitura

Depois, há os dados de planeamento do projeto, como anunciado anteriormente. A figura seguinte mostra a infraestrutura sobre um fundo de imagem de satélite híbrido.

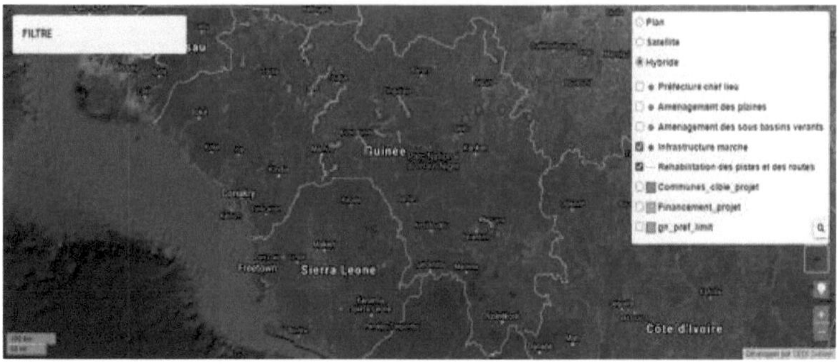

Figura 31: Infra-estruturas (mercado, via rural)

Estas duas camadas activas mostram o conjunto das infra-estruturas (mercados, caminhos rurais e troços de estrada nacional). Os vinte e seis (26) pontos deste mapa representam os locais dos mercados a serem construídos pelo projeto. Estes mercados estão ligados às zonas de produção (bacia de produção e encosta) por caminhos rurais e troços de estrada nacional a reabilitar. Estão representados por linhas neste mapa.

Na abordagem do projeto, as bacias de produção (planície e lagoa) estão diretamente ligadas às zonas de captação. Nesta figura, as duas informações são apresentadas e sobrepostas em alguns locais, com exceção das bacias de captação isoladas (sem bacia de produção).

Figura 32: Informações sobre os locais das bacias de produção e as zonas de captação a desenvolver

Em pormenor, esta figura mostra as infra-estruturas (troços de estrada nacional) a reabilitar pelo projeto, o mercado a construir e as bacias de produção a desenvolver na UTDE do Mali.

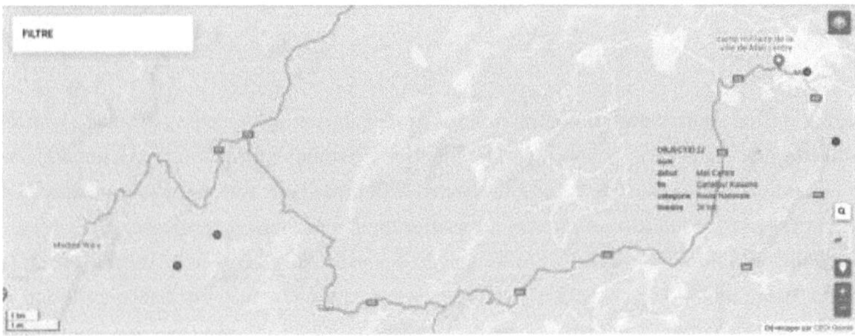

Figura 33: Mercado do Mali, Mali - estrada nacional de Madina Wora e bacias de produção

O geoportal oferece a possibilidade de visualizar e manipular todas as informações sobre as imagens de satélite. Isto permite aos utilizadores da Internet localizar o ambiente direto da infraestrutura prevista e, sobretudo, ter uma ideia da utilização do solo. A figura seguinte mostra a posição do local escolhido para a construção do mercado de recolha na comuna rural de Matakaou (UTDE de Koubia).

Figura 34: Triagem no mercado de Matakaou, Koubia UTDE

Por último, a ferramenta de localização indica a posição do operador em qualquer ponto do mapa.

1.8.4.3 Utilizadores

De acordo com o seu objetivo, há apenas um grupo de utilizadores para este geoportal. Trata-se dos utilizadores da Internet. À medida que o geoportal for evoluindo ao longo do tempo, poderá ser criado um segundo grupo com a adição de novas funcionalidades.

Este grupo poderá adicionar camadas shp ou geojson, que serão verificadas pelo administrador do SIG.

Avaliação e debate

Fazendo uma análise global dos resultados apresentados acima nas suas três (3) partes, constatamos com satisfação que os objectivos estabelecidos foram alcançados. A utilização de soluções de código aberto desempenhou um papel importante na obtenção deste resultado e constitui uma referência na gestão de projectos SIG. Assim, os decisores têm acesso direto à informação geográfica relativa às actividades. Deste modo, o potencial da geomática é melhor compreendido e tido em conta ao longo da vida de um projeto.

Por outro lado, o processo de aquisição, tratamento e controlo de qualidade dos dados resultou numa boa sobreposição de determinadas informações, nomeadamente o traçado de caminhos rurais e troços de estrada nacional. Verificou-se que esta sobreposição estava de acordo com os dados fornecidos pelo geoportal osm plan. Isto deveu-se à utilização de dados cartográficos colaborativos do openstreetmap no início do processo de aquisição de dados para este projeto.

Do ponto de vista da base de dados SIG, constatámos o sucesso da ligação entre a base de dados Postgresql e o software Quantum GIS através da extensão Postgis. Este facto levou à implementação da base de dados SIG acima apresentada. A informação integrada no geoportal foi fornecida por esta base de dados.

O produto final deste trabalho é o geoportal, e o seu desenvolvimento foi fruto da conjugação de esforços de especialistas em geomática no sentido próprio do termo (geografia e informática). O geoportal inclui funções que colocam a cartografia interactiva à disposição dos utilizadores da Internet.

Desta forma, permite o acesso e a manipulação da informação dos projectos de desenvolvimento. O acesso à informação geográfica para o público em geral é outro aspeto deste produto, daí o processo de seleção de dados para publicação pelo coordenador do projeto.

Para realizar este trabalho, seguimos uma metodologia estabelecida com base na literatura que trata do assunto. Se compararmos os resultados obtidos com a revisão da literatura, podemos verificar que existe coerência, pois o produto final, o geoportal, tem as mesmas funcionalidades, ou seja, as da cartografia interactiva. Uma diferença em relação à literatura é notada na utilização do servidor de mapas. Isto deve-se às dificuldades encontradas pela equipa de desenvolvimento.

Dificuldades e limitações

Este trabalho não pode ser efectuado sem dificuldades, mas a investigação permitiu-nos encontrar soluções. O caso do servidor de mapas geoserver é um exemplo disso mesmo. Os especialistas informáticos tinham encontrado um problema com o servidor e, em conjunto, encontrámos uma solução: integrámos diretamente as camadas shp utilizando algoritmos concebidos para o efeito.

O facto de não estarmos a utilizar um servidor de mapas é uma limitação deste trabalho. Isto deve-se ao facto de termos concebido a plataforma e trabalhado remotamente com a equipa de desenvolvimento (período de confinamento da covid 19). Isto causou dificuldades na utilização do geoserver no servidor de alojamento da plataforma geoportail.

Outra limitação importante é o facto de este trabalho ter sido realizado em duas partes (geomática e desenvolvimento web). Isto afectou o nosso planeamento operacional do trabalho.

A aquisição destas duas competências resultará num melhor produto quando se trata de divulgar informação geográfica através da Web, porque a cartografia e o desenvolvimento Web são ambos uma arte.

CONCLUSÃO GERAL

No âmbito desta dissertação, o trabalho desenvolvido permitiu-nos atingir o objetivo principal definido, "criação de um portal SIG". A informação relevante do projeto AgriFARM é aí divulgada, acrescentando valor à estratégia de comunicação (aumentando o número de canais de comunicação). A difusão da informação é assim melhorada através de uma localização precisa e do acesso a um maior número de utilizadores.

Para alcançar esta plataforma, começámos por trabalhar na criação de um SIG no âmbito do projeto. Em todo o sistema, foi dada prioridade aos recursos de fonte aberta. Estes foram utilizados desde a conceção do modelo concetual, passando pela recolha de dados, até à publicação.

O SIG necessita de dados para funcionar, pelo que adquirimos dados cartográficos de base para a Guiné e, em seguida, para a zona de intervenção do projeto (Alta e Média Guiné). Mapeámos a área do projeto utilizando uma abordagem territorial (UTDE, comuna alvo, intermunicipalidade). Em seguida, através de missões no terreno, geo-referenciámos todos os locais de atividade do projeto por componente. Foram cartografadas as bacias de produção, as bacias hidrográficas, as infra-estruturas de caminhos rurais, os troços de estrada nacional e os mercados.

Todos estes dados foram integrados numa base de dados criada para o efeito. Esta foi concebida com base no método MERISE e criada em postgresql com a sua extensão espacial postgis.

Para o desenvolvimento do geoportal, a equipa utilizou a linguagem de programação php/MapScript para a apresentação dinâmica de páginas Web e mapas, e o Apache como servidor Web. Utilizámos o geoserver como servidor de mapas.

Como produto, obtivemos um geoportal para o domínio www.geo-agrifarm.com que é funcional em todos os browsers. Com base no objetivo e nas expectativas dos utilizadores, concebemos ferramentas que estão alinhadas com a função da cartografia interactiva clássica. Estas incluem funções de visualização, navegação, pesquisa, posicionamento, medição de distâncias e de superfícies.

Estas caraterísticas aproximam os utilizadores dos serviços SIG tradicionais de escritório, com a possibilidade e independência de utilização remota através da Internet. É também uma oportunidade para aumentar o número de utilizadores, independentemente da sua localização geográfica.

Este geoportal foi criado para um projeto de desenvolvimento em fase de arranque e evoluirá ao longo do tempo para responder à necessidade de melhorar a difusão da informação. O seu código fonte está, portanto, aberto a modificações. Nesta fase, permitiu-nos divulgar informações sobre o planeamento do projeto para a fase de arranque de 2020.

Tendo em conta as realizações acima referidas, consideramos que alcançámos o objetivo principal de criar um geoportal para melhorar a divulgação da informação geográfica do projeto. Para além desta função, esta ferramenta de difusão de informação permite aos utilizadores utilizá-la como espaço de trabalho através de fundos cartográficos e imagens de satélite.

Relativamente às dificuldades encontradas no decurso deste estudo, sugerimos :

- no programa de mestrado GAGER, a inclusão de aspectos de desenvolvimento Web no conteúdo dos módulos de formação;
- no programa de mestrado GAGER, aumentando as faixas horárias do curso de programação e revendo o seu conteúdo para o adaptar às necessidades futuras dos alunos;
- ao projeto AgriFARM, a atualização regular deste geoportal, adaptando-o às necessidades futuras com vista à sua transferência para o Ministério da Agricultura e o FIDA no final do projeto;
- projectos de desenvolvimento, a utilização de recursos de fonte aberta e o reforço das capacidades dos jovens no domínio da geomática;

Em termos de perspectivas, este geoportal será dinâmico ao longo do tempo. A curto prazo, está prevista a sua integração como uma página no sítio Web do projeto AgriFARM. Servirá como um apoio importante para o conteúdo deste sítio Web, especialmente na secção de planeamento do projeto.

A médio e longo prazo, será integrado no GEONODE do FIDA até 2022 e no BSD do Ministério da Agricultura para garantir a sustentabilidade dos resultados do projeto. A GEONODE do FIDA é uma plataforma digital que centraliza os geoportais dos projectos de desenvolvimento na África Ocidental, dos quais o FIDA é o principal doador.

BIBLIOGRAFIA

1. **Cursos**

Antoine DENIS, 2020. "Travaux Pratiques sur les Systèmes d'Information Géographique", Université de Liège (ULIEGE), Arlon Campus Environnement, Département des Sciences et Gestion de l'environnement, Unité Eau Environnement Développement (EED) http://hdl.handle.net/2268/190559

H. CHACKROUN, 2014 cours Introduction aux SIG et Télédétection en Génie Civil, Ecole Nationale d'Ingénieur de Tunis, https://www.academia.edu/5138784/cours_SIG_syst%C3%A8me_dinformation_g%C3%A9ographique_?auto=download

Michel TCHOTSOUA / Anaba Banimb R.C., 2019. curso GAGER MP 507. Sistemas de Informação Geográfica: administração e integração de dados referenciados espacialmente

Yacine KOUBA, 2018. Curso de Sistemas de Informação Geográfica, Université LARBI BEN M'HIDI -OEB- Algérie Faculté des Sciences de la terre et d'Architecture Département de Géographie et d'Aménagement du territoire. https://www.researchgate.net/publication/324149696_Cours_de_systeme_d'information_geographique

2. **Teses de mestrado**

Hanae ABBADI, 2012. "Desenvolvimento de um sistema de informação geoespacial utilizando PostgreSQL e GeoServer para a gestão de dados hídricos em Marrocos: o caso da bacia hidrográfica de Sebou", Universidade Sidi Mohammed Ben Abdellah, Faculdade de Ciências e Tecnologia.

David GADIOU, 2012. "SIG e representação de dados complexos", Conservatoire national des arts et métiers, Information et communication pour l'ingénieur.

Issa BALDE, 2008. "Implementação de uma plataforma de cartografia dinâmica", Ecole Supérieure Polytechnique de Dakar - Engenheiro de Projeto de Engenharia Informática.

Jean Claude OUEDRAOGO, 2011 Criação de uma interface de mapeamento web sobre "Capitalização da experiência de gestão sustentável da fertilidade dos solos no Burkina Faso",

Mestrado 2 em informática aplicada aos sistemas de informação geográfica, Universidade de Douala

Guillaume AYEL, 2013. "Desenvolvimento de uma solução de cartografia interactiva para informar os residentes locais sobre o risco de inundação em Saint-Etienne", https://dumas.ccsd.cnrs.fr/dumas-00873081

Nolex FONTIL, 2009. "Projet de développement communautaire en Haïti : Méthodologie d'analyse des besoins locaux", Université Senghor d'Alexandrie, Mestrado em Desenvolvimento-Gestão de Projectos. https://www.memoireonline.com/08/09/2623/m_Projet-de-developpement-communautaire-en-Hati--Methodologie-danalyse-des-besoins-locaux11.html

Philippe MARTIN, 2004. "Interface cartographique pour l'analyse territoriale multiscalaire de phénomènes sociaux", dissertação, Conservatoire national des arts et métiers, Centre régional rhônealpes centre d'enseignement de Grenoble.

Olivier DUPRAS-TESSIER, 2016, apresentou a dissertação sobre "Conceção de um portal de informação geográfica participativo baseado na Web para o desenvolvimento de produtos florestais não lenhosos com base nos seus potenciais de presença".

Renal Paul TATSO, 2011 "Intégration d'un observatoire urbain sur google maps : Cas des infrastructures de la santé de la ville de Douala", Tese de Mestrado II em Informática Aplicada aos Sistemas de Informação Geográfica, Universidade de Douala.

3. **Análises e relatórios**

Action contre la faim, 2017. "Surveillance Pastorale Niger, November 2017" relatório de actividades (www.Geosahel.info)

Bernier, E., Y. Bédard & M. Lambert, 2003. Cartographie sur demande sur le Web : de la personnalisation par couches cartographiques à la personnalisation par occurrences, Revue Internationale de Géomatique,Vol. 13, No. 3

Francis MERRIEN, 2011. Bureau des Longitudes Jornada Científica "A nova geografia" 15 de junho de 2011 Discurso do Chefe da Missão de Informação Geográfica do Ministério do Desenvolvimento Sustentável Internet e informação geográfica, http://www.geoinformations.developpement-durable.gouv.fr/fichier/pdf/IG_et_Internet-1_cle157b48.pdf?arg=177828603&cle=657a84eaced2229d5b97da5ccbe823740796846c&file=pdf%2FIG_et_Internet-1_cle157b48.pdf

Joseph Pascal MBAHA e Gille Baustert TCHOUNGA, 2020. "Webmapping e gestão dos riscos naturais: aplicação ao litoral dos Camarões". Revue Espace Géographique et Société Marocaine (n.º 33-34, abril de 2020)

Judith Gbêtowènonmon KONYAOLE, 2001. "Le suivi financier du projet de développement pendant son exécution ainsi que les procédures d'utilisation des Fonds

Banque Mondiale, PNUD, UNICEF" Ecole supérieure de commerce et de management d'Afrique.

ROMAGNI, (Patrick) e WILD, (Valérie) 1998. l'intelligence économique au service de l'entreprise, publicado por LES PRESSES DU MANAGEMENT, Paris, 1998, p.92.

4. Sítio Web

Office québécois de la langue française, 2004, http://gdt.oqlf.gouv.qc.ca/ficheOqlf.aspx?Id_Fiche=8870689

Esri França, 2020, https://www.esrifrance.fr/SIG-vue-densemble.aspx

Sdigit, 2020, https://www.sdigit.fr/sig-cartographie/

Esri França, 2020, https://www.esrifrance.fr/portail-cartographique.aspx#:~:text=Un%20portail%20cartographique%20est%20un,le%20domaine%20de%20la%20cartographie.

Jeans Francois Pillou, https://www.commentcamarche.net/contents/661-merise-modele-logique-des-donnees, outubro de 2008

Mokhtar Ben Henda , http://www.benhenda.com/hdr/documents/Manuels/2000_DUTICE_UTICEF/uv1_a/diff_outils.html, 2019

David Galiana, https://www.planzone.fr/blog/ameliorer-visibilite-projet, janeiro de 2018

WorlPress, https://lesdefinitions.fr/information, abril de 2011

Larousse, https://www.larousse.fr/dictionnaires/francais/information/42993, 2020

Guy Bonnerot et al. Encyclopedie universalis France, https://www.universalis.fr/encyclopedie/cartographie/, 2020

Le Quebec Géographique, https://quebecgeographique.gouv.qc.ca/education/geographique.asp, 2020

Université Laval, https://www.scg.ulaval.ca/la-geomatique-cest-quoi, 2016

Jornal DU Net, https://www.journaldunet.fr/web-tech/dictionnaire-du-webmastering/1203369-geolocalisation-definition-applications/, maio de 2020

Quantum GIS, http://www.qgis.org/fr/site/forusers/download.html, 2019

Banco Mundial, https://www.banquemondiale.org/fr/country/guinea/overview, 2020

APÊNDICES

Apêndice 1: algumas imagens do terreno

Foto 1: Planície de Bowoulena, município rural de Banko, (latitude 10,619248, longitude -10,691558)

Foto 2: Ribeira de Safé (aldeia de Safé, caminho rural Dinguiraye - Kaboukariah), distrito urbano de Dinguiraye, (latitude 11,20491, longitude -10,671436)

Foto 3: Saída de Kaboukariah, caminho rural Kaboukariah - Dinguiraye, distrito rural de Cisséla, (latitude 11,01505, longitude -10,52568)

Foto 4: Caminho rural Berteya - Malikiya, ribeiro Mamouwol, distrito rural de Soyah, (latitude 10.12119, longitude -11.92576)

Foto 5: Estrada nacional de Gaya - cruzamento de Kaouma, Borko, distrito rural de Gayah, (latitude 12.03448, longitude -12.43260)

Foto 6: Caminho rural Kamabi - Saréboido, ribeira de Kangueka, distrito rural de Kamabi, (latitude 12.39043, longitude -13.44767)

Apêndice 2: especificações para a conceção do geoportal - AgriFARM

Comissão: Conceção de um portal que forneça uma cartografia interactiva da zona de intervenção AgriFARM e conteúdos documentais ou multimédia associados.

Visão geral da encomenda

- interface de administração (back office) para adicionar conteúdos numa data posterior.
- Objeto com geometria pontual, linear e de superfície
- mapa de fundo genérico (OSM, Google satélite/híbrido/mapa)
- Gestão de utilizadores (concessão de direitos de acesso)
- Interatividade (movimento, zoom, ponteiro, visualização, vista)
- Impressão de mapas em PDF
- Utilização de ferramentas de cartografia

A cartografia permite-lhe :

- visualização de dados de atributos e de janelas de contexto ligadas a objectos clicados (pontos, linhas ou polígonos).
- Os utilizadores da Web podem interagir com a apresentação das camadas (como algumas camadas são apresentadas permanentemente, podem apresentar a camada que pretendem sem afetar as outras).
- Localizar-se (integrar a ferramenta de localização)
- As coordenadas geográficas podem ser visualizadas (posição do cursor no mapa)
- Navegação
- Utilização de ferramentas de cartografia e investigação

1. ***O back office do módulo de cartografia e administração inclui as seguintes opções:***

- Adicionar, substituir, atualizar e eliminar camadas de mapas
- Definição da visualização de camadas (camadas de visualização obrigatórias que não podem ser desactivadas pelo utilizador)
- Ativar a simbologia personalizada (SVG)
- Permitir que o mapa de fundo do OSM seja apresentado por predefinição
- Escolha dos campos a apresentar para cada camada
- Gestão de utilizadores
- Gestão de ferramentas
- Configurar diferentes níveis de zoom e uma boa resolução de imagem
- Opção para ajustar a transparência ou opacidade de uma camada transparente
- Fundo do mapa (OpenStreetMap ativo por defeito)

2. ***Direito de passagem***

Esboço da República da Guiné

3. ***Informações sobre as camadas do mapa***

- Objectos (ponto, linha, polígono) tipo de camada a acrescentar, por exemplo, ponto de localização da cidade, estradas, limites da prefeitura
- Objectos associados a dados de atributos
- Formato das camadas shp ou qualquer outro formato do geoserver, por exemplo
- Codificação UTF-8
- Projeção EPSG 4326

4. ***Temas***

No back office

- Adicionar, atualizar e eliminar temas.
- Acima de tudo, permitir que as camadas sejam renomeadas para facilitar a sua compreensão pelos utilizadores da Internet

Exemplo

Administração

- Fronteira regional (natural e administrativa)
- Prefeitura
- Sub-prefeitura

Planeamento do projeto (trata-se de um agrupamento de camadas por categoria ou tema. Neste caso, o planeamento é um tema que inclui as camadas faseamento, financiamento, utde,....)

- Faseamento
- Financiamento
- UTDE
- Município-alvo
- Intercomunalidade
- Localização
- Estradas e caminhos a reabilitar

Actividades

Indicadores

Impactos

Efeitos

5. ***Fundo para a cartografia***

- OpenStreetMap, imagens de satélite e híbridas (tipo de ciclo)

6. ***Ferramenta de navegação e visualização***

- Viagens
- Zoom (-+)
- ponteiro
- definição de opacidade ou transparência
- vista (frontal, traseira)

7. ***Ferramentas de cartografia***

- Apresentar as coordenadas XY (em graus decimais)

- Medições (distância, superfície)

8. ***Elementos do mapa***
- Norte
- Balança gráfica ou digital
- Legenda (camadas selecionadas)
- Logótipo e direitos de autor AgriFARM

9. ***Pedidos***
- Facilidade de consulta (pesquisa de locais)

10. ***Impressão*** (opcional)
- em pdf
- incluir a opção (Título do cartão) na primeira vez que clicar no ícone de impressão

11. ***Partilhar***
- Partilhar no facebook, twitter, email (opcional)

12. ***Utilizadores e direitos de acesso***
- Público

13. ***Propriedades e direitos***
14. ***Contacto***

Apêndice 3: Esquema do questionário

Q1 - Qual é o quadro lógico deste projeto?

Q2 - Quais são as áreas envolvidas no projeto? Enumere-as por ordem de importância e especifique as relações entre as áreas.

Q3 - Quais são as diferentes actividades do projeto e como estão distribuídas geograficamente?

Q4 - Quais são os indicadores ligados às actividades do projeto?

Q5 - Qual é a distribuição geográfica dos beneficiários das acções do projeto por tipo de atividade?

Q6 - O projeto dispõe de um manual de acompanhamento e avaliação? Em caso afirmativo, como é integrada a informação geográfica?

Q7 - O sistema de acompanhamento e avaliação está informatizado?

Q8 - Que instrumentos de planeamento e de acompanhamento são utilizados?

Q9 - Que instrumentos de decisão utiliza?

Q10 - Como é que a informação é divulgada?

Q11 - Como apresentaria as actividades e os resultados do projeto?

Q12 - Que ferramentas são utilizadas para apresentar a visibilidade do projeto?

Q13 - De que competências em matéria de SIG dispõe o projeto ou o departamento?

Q14 - Existe uma plataforma web para o projeto? Em caso afirmativo, como apresenta a dinâmica do projeto?

Q15 - Como é que o SIG pode ajudar a divulgar a informação de forma rápida e eficaz?

Q16 - Qual é o historial da utilização do SIG?

Q17 - Qual é a sua perceção do contributo do SIG para a divulgação da informação?

Q18 - Que dados consideraria relevantes para apresentar num SIG para o projeto?

Q19 - Quais são as suas expectativas em termos de comunicação e divulgação de informações sobre as actividades do projeto?

Q20 - Que funcionalidades e temas gostaria de ver na plataforma webGIS do projeto?

Q21 - Na sua opinião, que papel pode desempenhar uma plataforma SIG no processo de divulgação de informação para garantir a visibilidade das acções do projeto?

Q22 - Já utilizou a cartografia interactiva através da Internet? Em caso afirmativo, quais são as suas impressões?

Q23 - Quais são as suas expectativas em relação ao SIG do projeto (temas, funções, divulgação da informação, etc.)?

Q24 - Porque é que é adequado criar uma plataforma SIG para o projeto?

Q25 - Como pretende aceder às informações sobre o projeto?

Q26 - Tem uma ideia de inovação para melhorar a divulgação de informações sobre um projeto de desenvolvimento?

Apêndice 4: extrato do código fonte do geoportail

Javascript :

```
//Satellite
var tiles =
L.tileLayer('https://server.arcgisonline.com/ArcGIS/rest/services/World_Imagery/MapServer/tile/{z}/{y}/{x}', {
  maxZoom: 20,
  minZoom: 7
});
// Streets
var googleStreets = L.tileLayer('https://{s}.google.com/vt/lyrs=m&x={x}&y={y}&z={z}',
{
  maxZoom: 20,
  minZoom: 7,
  subdomains: ['mt0', 'mt1', 'mt2', 'mt3']
});
// Hybrid:
var googleHybrid =
L.tileLayer('https://{s}.google.com/vt/lyrs=s,h&x={x}&y={y}&z={z}', {
  maxZoom: 20,
  subdomains: ['mt0', 'mt1', 'mt2', 'mt3'],
  minZoom: 7
});
// Satellite:
var googleSatellite = L.tileLayer('https://{s}.google.com/vt/lyrs=s&x={x}&y={y}&z={z}',
{
  maxZoom: 20,
  subdomains: ['mt0', 'mt1', 'mt2', 'mt3'],
  minZoom: 7
});
// Terrain
```

```
maxZoom: 20,
  subdomains: ['mt0', 'mt1', 'mt2', 'mt3'],
  minZoom: 7
});
var map = L.map('map', {
  center: [9.934886500000001, -11.283844999999985],
  zoomControl: false,
  zoomAnimation: true,
  zoom: 7
});
// .fitBounds([
//   [7.132612217968886, -17.402992633084757],
//   [14.012596641868884, -4.044774700548996]
// ]);
var highlightLayer;
function highlightFeature(e) {
  highlightLayer = e.target;
  highlightLayer.openPopup();
}
map.addLayer(googleStreets);
map.attributionControl.setPrefix(
  'Développer par <a href="https://cediguinee.com">CEDI Guinée</a>'
);
var autolinker = new Autolinker({
  truncate: {
    length: 30,
    location: 'smart'
  }
});
```

```
L.control.locate({
  position: 'bottomright',
  locateOptions: {
    maxZoom: 19
  }
}).addTo(map);
L.control.scale({
  updateWhenIdle: true,
  imperial: true,
  metric: true,
}).addTo(map);
var measureControl = new L.Control.Measure({
  position: 'bottomright',
  primaryLengthUnit: 'meters',
  secondaryLengthUnit: 'kilometers',
  primaryAreaUnit: 'sqmeters',
  secondaryAreaUnit: 'hectares'
});
measureControl.addTo(map);
document.getElementsByClassName('leaflet-control-measure-toggle')[0].innerHTML = '';
document.getElementsByClassName('leaflet-control-measure-toggle')[0].className += '
fas fa-ruler';
var osmGeocoder = new L.Control.Geocoder({
  collapsed: true,
  position: 'bottomright',
  text: 'Rechercher...',
  title: 'Saisir votre mot-clé'
}).addTo(map);
document.getElementsByClassName('leaflet-control-geocoder-icon')[0].className += ' fa
fa-search';
```

```
var bounds_group = new L.featureGroup([]);
function setBounds() {
  map.setMaxBounds(map.getBounds());
}
function style_contour_guinee_1_0() {
  return {
    pane: 'pane_contour_guinee_1',
    opacity: 1,
    color: 'rgba(35,35,35,1.0)',
    dashArray: '',
    lineCap: 'butt',
    lineJoin: 'miter',
    weight: 1.0,
    fill: true,
    fillOpacity: 0.1,
    fillColor: 'rgba(125,139,143,1.0)',
  };
}
map.createPane('pane_contour_guinee_1');
map.getPane('pane_contour_guinee_1').style.zIndex = 401;
map.getPane('pane_contour_guinee_1').style['mix-blend-mode'] = 'normal';
var layer_contour_guinee_1 = new L.geoJson(json_contour_guinee_1, {
  attribution: '',
  dataVar: 'json_contour_guinee_1',
  layerName: 'layer_contour_guinee_1',
  pane: 'pane_contour_guinee_1',
  style: style_contour_guinee_1_0,
});
bounds_group.addLayer(layer_contour_guinee_1);
```

```
pane: 'pane_region_naturelle_1',
    opacity: 1,
    color: 'rgba(35,35,35,1.0)',
    dashArray: '',
    lineCap: 'butt',
    lineJoin: 'miter',
    weight: 3.0,
    fill: true,
    fillOpacity: 0.1,
    fillColor: 'rgba(190,207,80,1.0)',
  };
}
map.createPane('pane_region_naturelle_1');
map.getPane('pane_region_naturelle_1').style.zIndex = 401;
map.getPane('pane_region_naturelle_1').style['mix-blend-mode'] = 'normal';
var layer_region_naturelle_1 = new L.geoJson(json_region_naturelle_1, {
  attribution: '',
  dataVar: 'json_region_naturelle_1',
  layerName: 'layer_region_naturelle_1',
  pane: 'pane_region_naturelle_1',
  style: style_region_naturelle_1_0,
}).bindPopup(function(layer) {
  return (layer.feature.properties.region_nat)
});
bounds_group.addLayer(layer_region_naturelle_1);
map.addLayer(layer_region_naturelle_1);
function style_region_administrative_1_0() {
  return {
    pane: 'pane_region_administrative_1',
```

```
lineCap: 'butt',
    lineJoin: 'miter',
    weight: 3.0,
    fill: true,
    fillOpacity: 0.1,
    fillColor: 'rgba(225,89,137,1.0)',
  };
}
map.createPane('pane_region_administrative_1');
map.getPane('pane_region_administrative_1').style.zIndex = 401;
map.getPane('pane_region_administrative_1').style['mix-blend-mode'] = 'normal';
var layer_region_administrative_1 = new L.geoJson(json_region_administrative_1, {
  attribution: '',
  dataVar: 'json_region_administrative_1',
  layerName: 'layer_region_administrative_1',
  pane: 'pane_region_administrative_1',
  style: style_region_administrative_1_0,
}).bindPopup(function(layer) {
  return (layer.feature.properties.region_adm)
});
bounds_group.addLayer(layer_region_administrative_1);
map.addLayer(layer_region_administrative_1);
function style_limite_prefecture_1_0() {
  return {
    pane: 'pane_limite_prefecture_1',
    opacity: 1,
    color: 'rgba(35,35,35,1.0)',
    dashArray: '',
    lineCap: 'butt',
```

```
fillOpacity: 0.1,
    fillColor: 'rgba(196,60,57,1.0)',
  };
}
map.createPane('pane_limite_prefecture_1');
map.getPane('pane_limite_prefecture_1').style.zIndex = 401;
map.getPane('pane_limite_prefecture_1').style['mix-blend-mode'] = 'normal';
var layer_limite_prefecture_1 = new L.geoJson(json_limite_prefecture_1, {
  attribution: '',
  dataVar: 'json_limite_prefecture_1',
  layerName: 'layer_limite_prefecture_1',
  pane: 'pane_limite_prefecture_1',
  style: style_limite_prefecture_1_0,
}).bindPopup(function(layer) {
  return (layer.feature.properties.nom_pref)
});
bounds_group.addLayer(layer_limite_prefecture_1);
map.addLayer(layer_limite_prefecture_1);
function style_limite_sousprefecture_1_0() {
  return {
    pane: 'pane_limite_sousprefecture_1',
    opacity: 1,
    color: 'rgba(35,35,35,1.0)',
    dashArray: '',
    lineCap: 'butt',
    lineJoin: 'miter',
    weight: 3.0,
    fill: true,
    fillOpacity: 0.1,
```

```
map.createPane('pane_limite_sousprefecture_1');
map.getPane('pane_limite_sousprefecture_1').style.zIndex = 401;
map.getPane('pane_limite_sousprefecture_1').style['mix-blend-mode'] = 'normal';
var layer_limite_sousprefecture_1 = new L.geoJson(json_limite_sousprefecture_1, {
  attribution: '',
  dataVar: 'json_limite_sousprefecture_1',
  layerName: 'layer_limite_sousprefecture_1',
  pane: 'pane_limite_sousprefecture_1',
  style: style_limite_sousprefecture_1_0,
}).bindPopup(function(layer) {
  return (layer.feature.properties.nom_spref)
});
bounds_group.addLayer(layer_limite_sousprefecture_1);
map.addLayer(layer_limite_sousprefecture_1),

function pop_repartition_beneficiaires_projet_1(feature, layer) {
  layer.on({
    mouseout: function (e) {
      if (typeof layer.closePopup == 'function') {
        layer.closePopup();
      } else {
        layer.eachLayer(function (feature) {
          feature.closePopup();
        });
      }
    },
    mouseover: highlightFeature,
  });
  var popupContent = `<table>
```

```
<td>${(feature.properties.femmes !== null ?
autolinker.link(feature.properties.femmes.toLocaleString()) : '')}</td>
                </tr>
                <tr>
                    <th scope="row">jeunes</th>
                    <td>${(feature.properties.jeunes !== null ?
autolinker.link(feature.properties.jeunes.toLocaleString()) : '')}</td>
                </tr>
                <tr>
                    <th scope="row">total</th>
                    <td>${(feature.properties.total !== null ?
autolinker.link(feature.properties.total.toLocaleString()) : '')}</td>
                </tr>
                <tr>
                    <th scope="row">region_adm</th>
                    <td>${(feature.properties.region_adm !== null ?
autolinker.link(feature.properties.region_adm.toLocaleString()) : '')}</td>
                </tr>
                <tr>
                    <th scope="row">nom_utde</th>
                    <td>${(feature.properties.nom_utde !== null ?
autolinker.link(feature.properties.nom_utde.toLocaleString()) : '')}</td>
                </tr>
            </table>`;
  layer.bindPopup(popupContent, {
    maxHeight: 400
  });
}
function style_repartition_beneficiaires_projet_1_0() {
  return {
    pane: 'pane_repartition_beneficiaires_projet_1',
```

```
dashArray: '',
    lineCap: 'butt',
    lineJoin: 'miter',
    weight: 1.0,
    fill: true,
    fillOpacity: 0.1,
    fillColor: 'rgba(231,113,72,1.0)',
  };
}
map.createPane('pane_repartition_beneficiaires_projet_1');
map.getPane('pane_repartition_beneficiaires_projet_1').style.zIndex = 401;
map.getPane('pane_repartition_beneficiaires_projet_1').style['mix-blend-mode'] = 'normal';
var layer_repartition_beneficiaires_projet_1 = new
L.geoJson(json_repartition_beneficiaires_projet_1, {
  attribution: '',
  dataVar: 'json_repartition_beneficiaires_projet_1',
  layerName: 'layer_repartition_beneficiaires_projet_1',
  pane: 'pane_repartition_beneficiaires_projet_1',
  onEachFeature: pop_repartition_beneficiaires_projet_1,
  style: style_repartition_beneficiaires_projet_1_0,
});
bounds_group.addLayer(layer_repartition_beneficiaires_projet_1);
map.addLayer(layer_repartition_beneficiaires_projet_1);
function style_commune_cible_1_0() {
  return {
    pane: 'pane_commune_cible_1',
    opacity: 1,
    color: 'rgba(35,35,35,1.0)',
    dashArray: '',
    lineCap: 'butt',
```

```
weight: 3.0,
   fill: true,
   fillOpacity: 0.1,
   fillColor: 'rgba(133,182,111,1.0)',
 };
```

MIX
Papier aus verantwortungsvollen Quellen
Paper from responsible sources
FSC® C105338

FSC
www.fsc.org

Printed by Books on Demand GmbH, Norderstedt / Germany